豐子愷

认 识 建 筑

丰子恺
建筑六讲

丰子恺 …… 著

中信出版集团｜北京

目录 *Contents*

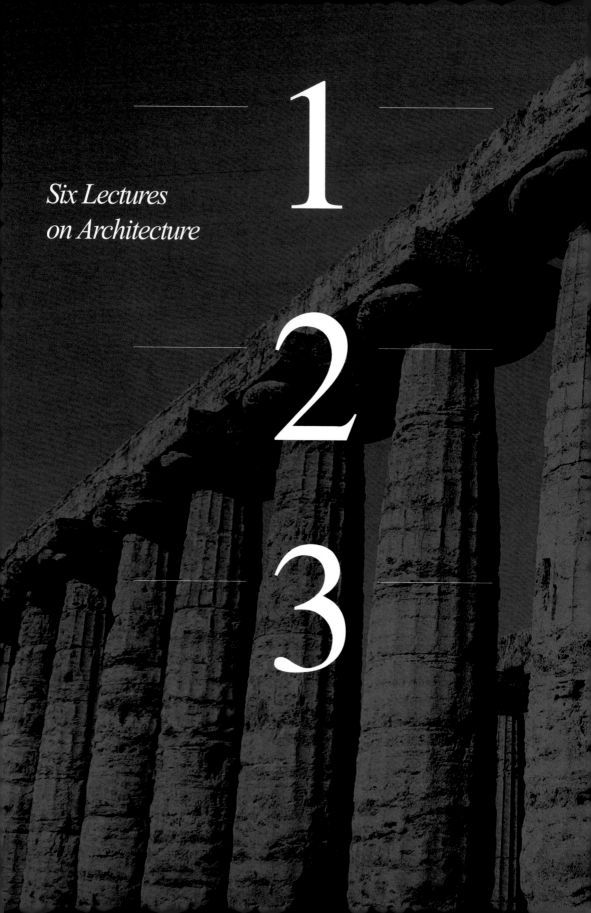

1

2

3

Six Lectures
on Architecture

从坟到店

1

从埃及时代到现代，世间最伟大的建筑的主题，经过五次的变更：在埃及时代，最伟大的建筑是坟墓，在希腊时代是神殿，在中世时代是寺院，在近代是宫室，到了现代是商店。人类最初热心地造坟墓，后来变成热心地造店屋。窥察其间人心的变化，很有兴味。

美国的辛克莱[1]为艺术下新的定义，说"一切艺术都是宣传"。这话看来好像是专为现代而说的，其实不但现代艺术如此，自古以来的一切艺术都是宣传。读过我的《西洋名画巡礼》及《西洋音乐楔子》的读者大概总记得：西洋的绘画和音乐，都是在中世纪的宗教时代发达起来的。详细地说，西洋的绘画和音乐都是被基督教利用为宣传手段，成了宗教艺术——宗教画、宗教乐——因而发达起来的。我们只要看圣书的故事画，到现今还有许多流传世间；祈祷歌和赞美歌，到现今还有许多人唱着，即可想见这两种艺术曾为宗教宣传得厉害。

艺术之中，为社会政策宣传最有力的，要算建筑。因为建筑具有三种利于宣传的特性，为别的艺术所没有的。

[1] 厄普顿·辛克莱（Upton Sinclair，1878—1968），美国小说家，"社会丑事揭发派"作家。

——编者注，下同

←
白金汉宫——富丽堂皇的英国王室的官邸。

↑
紫禁城——中国古代帝王所居的宫殿，
气势恢宏。

第一，建筑这种美术品，形状最庞大。别的美术品，如雕刻、绘画等，无论如何比不得它。因为庞大，故最易触目。绘画、雕刻等不是一般人常见的东西；建筑则公开地摆在地上，人人日日可以看见。因此建筑所给人的印象极深。利用这种庞大的形式来作为某种策略的宣传时，最易收揽大众的心。从前的皇帝住的地方必用极高大的建筑，即所谓"九重城阙"，使人民望见这种建筑物时，感情上先受压迫，大家畏缩、震慑，不敢反抗他的专制。

第二，建筑这种美术品，与人生社会的关系最为密切，凡有建筑，总是为某种社会事业的实用而造的。故建筑与事业有表里的关系，不可分离。一切艺术之中，唯工艺美术与建筑二者对人生有直接的用处，工艺品可供日常使用，建筑可供居住。其余的艺术，如绘画、雕刻、音乐、文学、舞蹈、

→
天坛——以严谨的建筑布局和结构
凸显皇家的威严。

演剧等，都只供观赏或听赏，间接发生效用于人的生活，但不能直接供人应用（绘画虽可作亡人灵前的遗容，雕刻虽可作烈士的铜像，但也只供瞻观而已）。故这些统称为纯正艺术，而工艺美术与建筑则特称为实用艺术。实用艺术的形式与内容关联最切，公共机关、工厂、车站、邮局等，各有其特殊的形式。因了习惯及其形式的暗示，我们望见一种建筑时会立刻想到或感到这建筑所关联的社会事业，心情在无形之中受它的支配。庙貌巍峨，便是宗教要利用建筑来引人信仰而做出来的特殊形式。中国古代佛教的隆盛，"南朝四百八十寺"等宗教建筑的宣传力有以致之。

第三，建筑最富有一种亲和力，能统一众人的感情。故望见九重城阙的百姓会同样震慑，望见巍峨庙宇的信徒会同样肃然。跳舞场、咖啡店、旅馆，也会利用建筑的亲和力，做出种种的布置和装饰来克服主顾的感情，借以推广他们的营业。建筑的富有统一大众的感情的亲和力，是为了建筑由纯粹的（无意义的）形状和色彩构成，不诉于人的理智而诉于人的感情的缘故。造型美术之中，绘画和雕刻所表现的形状、色彩都有意义，只有建筑所表现的形状、色彩没有意义。绘画可尽描一个人，雕刻可以雕一条狗，但建筑却不能把房子造成一个人的形状或一条狗的形状，在人的胯下开一扇门或在狗的眼睛里开一扇窗，而叫人走进去住。故绘画、雕刻是借用物象的形状、色彩来构成造型美的，建筑则不借他物，

吴哥窟──柬埔寨吴哥王朝时期庙宇，世界上最大的庙宇类建筑，
也是世界上最早的高棉式建筑。

就用纯粹的形状、色彩来构成造型美。借用物象的艺术所及于人心的作用，一半是理智的，一半是感情的。不借用物象而用纯粹形色的艺术所及于人心的作用，全部是感情的。换言之，绘画和雕刻的表现一部分是说明的；建筑的表观则完全是象征的（暗示的，例如用高暗示皇帝的权威，用黄色暗示宗教的庄严，等等）。感化人心，由理智不及由感情的容易，用说明不及用象征的深刻。所以，建筑的亲和力比其他艺术的特别强，最能统一大众的心。上述三种利于宣传的特性中，最后这一点"象征力"为最主要。

建筑因有上述三种利于宣传的特性，故自古以来，常被社会政策、政治企图所利用，为它们作有力的宣传。我们看了各时代或各地方的建筑，可以从它们的样式上窥知当时当地的人的思想与生活。故建筑可说是具体化的时代相。

从埃及时代到现代，世间最伟大的建筑的主题，经过五次的变更：在埃及时代，最伟大的建筑是坟墓，在希腊时代是神殿，在中世时代是寺院，在近代是宫室，到了现代是商店。人类最初热心地造坟墓，后来变成热心地造店屋。窥察其间人心的变化，很有兴味。而且这种建筑物现今统统存在，坟、殿、寺、宫、店，好像五个"时代"的墓碑，记载着各"时代"生前的情状而矗立在我们的眼前，令人看了感慨系之。

我是预备把上面所说的五种大建筑的情状在以下的数讲中一一地详说的。但现在先在这里概括地说一说，当作绪论。

→
巨大的埃及金字塔——古埃及法老和王后的陵墓，是古埃及文明最持久、最具影响力的象征。

一、埃及坟墓

　　金字塔建在埃及尼罗河畔的沙漠中，是埃及隆盛期诸帝王生前自己建造的"喜葬"。这种建筑物的伟大，令人惊叹：其最大者，那三角形的顶点高约五百英尺[1]，一边之长约八百英尺。用重二吨半的石头二百三十万条，由十万人在二十年中造成。这种大坟墓，当作建筑艺术观赏其形式时，只见极大、极高、极厚，除了一个"笨"字以外想不出别的字来形容。埃及隆盛期的帝王和人民，为什么肯把心力浪费在这样笨的建筑上呢？这是因为虽然号称隆盛期，人智究竟未曾进步，

[1] 1 英尺约合 0.3 米。

帝王笨，百姓也笨的缘故。帝王握得了绝对威权，高踞在宝座上受万民参拜之后，心中想道："我贵为天子，富有天下，难道也同虫豸般的百姓一样地要死？我死后一定会活转来。赶快派十万百姓给我造坟！要造得极高、极大！万一我活不转来时，也好教百姓看了我的坟战栗，不敢造反。"古来的帝王贪恋威福，大都作这样的感想。秦始皇、汉武帝等都访求不死之药；齐景公游牛山，北临其国而流涕，希望自古无死，使他可以久坐江山。这都是同样的笨。然而埃及的帝王笨得聪明而且凶：他能利用那庞大的实用艺术的亲和力来镇伏万民的心，使他们在这个君主绝对威权的象征物之下，永远瑟缩地臣服，不敢抬头。不要说当时的埃及人民，就是教现在的我们，一旦到了尼罗河畔的大沙漠上，仰望这个"君主绝对威权"的大墓碑时，恐怕也要吐出舌头半晌缩不进去呢！这是上古政教一致，君主专权时代的"大"建筑。现代商业都市的"大"建筑，显然是模仿这种坟墓建筑的办法，以夸示金融资本的威权的。

二、希腊神殿

希腊时代的建筑，则用"美"来代替了埃及的"高、大、厚"而收揽民心。这也和希腊的风土人情相关联：四千年前，埃及和爱琴海文化已经炽盛；然欧洲尚在长夜的黑暗中，仅为新石器时代的民族的居屯地。其时中亚细亚的原始民族逐羊群而西南行，流入这天然形胜的希腊半岛，他们受了高丘上的橄榄的香气的熏陶，为苍茫的地中海和缥缈的爱琴海的灵气所钟，养成了一种美的民族性，就首先为欧洲创造光明灿烂的文化艺术。

起初，希腊久受波斯的侵犯。到了大政治家伯里克利[1]的时代，希腊联盟国制胜波斯，就乘势发扬国内的文化。伯里克利是主张民主主义的人，就训练雅典的自由市民，教他们建设起空前的文化来。其首先经营的，是修理先年被波斯军毁坏的卫城。在这卫城里建造大理石的神殿，以供养雅典市的守护神。伯里克利引导民众，把全副心力集中于这神殿的营造上。那守护神女的雕塑，由当时大雕刻家菲狄亚斯[2]担任；神殿的建筑，由当时大建筑家伊克蒂诺[3]指挥。造型的优美，诚可称为空前绝后。那神像用黄金和象牙造成，姿态优美，庄严无比，那神殿全用世界上最优良的大理石构成，各部力学的均整与视觉的谐调两方并顾，作有机的结合，全部没有一根死板板的几何的线，那檐、柱、阶，看来好像是直线，其实都是曲线。因为希腊人民的审美的眼力非常锐利，几何

[1] 伯里克利（Periclēs），古希腊奴隶主民主政治的杰出的代表者，古代世界著名的政治家之一。

[2] 菲狄亚斯（Phidias），古希腊著名雕塑家、建筑师，《宙斯像》、帕提侬神庙的《雅典娜·帕提侬像》及《命运三女神》均出自他手。

[3] 伊克蒂诺（Ictinus），古希腊雅典著名建筑师，作品有雅典卫城的帕提侬神庙和希腊巴赛的阿波罗·伊壁鸠鲁神庙。

↑
帕提侬神庙遗址——坐落于希腊雅典
卫城的古城堡中心，是雅典卫城最重
要的主体建筑。

的直线，当因错觉的作用而望去似觉不平或不直，故必须用相当的弯度补足错觉，望去方才完全平直。所以那种神殿建筑粗看好像率直，不过是石基上立着一排石柱，盖着石檐；其实优美绝伦，为千古造型美术的模范。关于这事，以后分讲中当再详说。

总之，伯里克利适应了希腊人的明慧的审美眼的要求，建造这精美的神殿来集中人民的瞻观，统一人民的精神。所谓守护神之殿，在意义上想来是迷信；但在形式上看来的确大有守护之功：黄金时代的希腊共和国的自由市民的心，是全靠这建筑的美的暗示力所统御着的。可惜这种神殿建筑，一部分被历次的战争所毁坏，一部分的雕刻被英国人偷去供在伦敦大英博物馆古希腊展馆中，现今雅典本土所存在的只有破损了的一部分。虽然破损不全，仍可个中见全，由此想见黄金时代的盛况。所以，诗人拜伦凭吊希腊，慷慨悲歌，写成有名的《哀希腊》的诗篇。

三、哥特教堂

希腊之后，罗马隆盛，但罗马人注重物欲，不甚讲究艺术，故虽有剧场、浴场等大建筑，少可称道。罗马帝政衰而基督教兴。首先提倡基督教者是有名的君士坦丁大帝。他把基督教定为国教，国王就是教王，国民都是教徒。这是利用宗教来维持帝业。欲永固帝业，非弘扬教法不可。于是欧洲一切文化艺术，都受了宗教化。自十二世纪至十六世纪之间的建筑，差不多全部是教堂建筑。

教堂与神殿有分别：希腊的神殿，里面只供神像，参拜者都在殿外，所以神殿不必大，但求眺望的美观；中世的教堂，则供养圣像之外，兼作教徒祈祷礼拜之所，故地方必须较大，且兼求内外形式的美观。基督是升天的，教徒的灵魂的归宿处是天上。故教堂建筑的形式便以"高"和"尖"为特色。屋顶塔尖高出云表，好像会引导人的灵魂上天似的。

↑
意大利米兰大教堂的哥特式屋顶——
135 座大理石尖塔直指天空，给人以超
脱尘世之感。

远近的人民眺望这等教堂，不知不觉之间其心受了建筑形式的暗示力的感化，对于基督教的信仰便一致地强固起来。

这种建筑有种种派别，但其中最能尽量发挥"高"和"尖"的特色的，要算哥特式（Gothic）。那种教堂现今留存在法兰西、意大利等处的，很多很多。其形式，为了极度地要求垂直的效果，不用粗的柱子而用许多细柱合成的柱束；又不用壁，柱束之间统用尖头的窗，因为尖头可以引导人心向上。室内用许多尖头的拱券，屋顶上用许多很尖的塔。故遥望哥特式的教堂，好像一丛雨后春笋，又好像一把火焰。当时这种建筑样式不限于教堂，凡城郭、学校、公所、邸宅，都受它的影响。而在意大利，这种"尖""高"的建筑术尤为发达。他们一味求高，不顾力学的限制而冒险地试建，有几处教堂竟是中途停工。违背建筑的构成的约束而浪漫地偏重形式，其结果必然失败。故哥特式建筑样式，不久跟了教会权与封建制的衰落而被废弃，后来同归于尽。现在我们游观巴黎、科隆，但见巴黎圣母院、科隆大教堂矗立在广场的残阳中，告示着过去的光荣。

↓
德国科隆大教堂——欧洲北部最大的哥特式教堂，被誉为"哥特式教堂建筑中最完美的典范"。

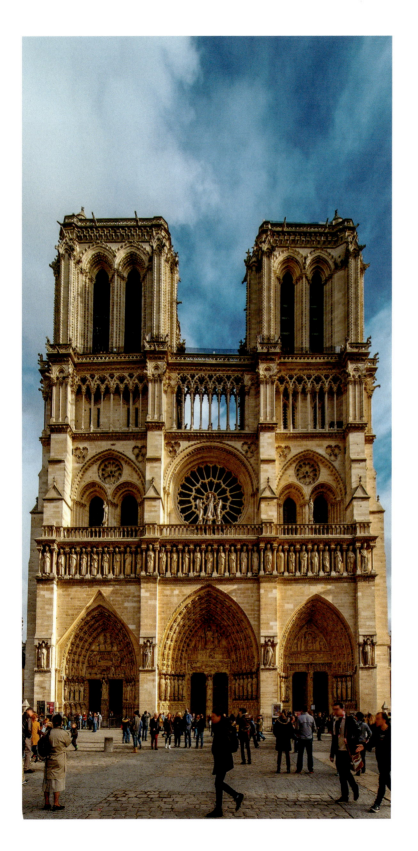

←

法国巴黎圣母院——欧洲早期哥特式建筑和雕刻艺术的代表。

四、近代宫室

以上三时代的建筑，都是宗教建筑。但因了时代精神的不同，建筑形式亦大异：埃及的坟无理地要求"大"，为建筑艺术的摇篮时代的作品，其实不能算是完全独立的美术。希腊的神殿方为建筑艺术独立的开始，在形式美的一点上，可谓登峰造极！哥特式教堂建筑把精神翻译为视觉形态，一味探求高的神秘，可说是浪漫风的宗教建筑。

文艺复兴时代的建筑，主题仍以教堂为主；但样式变更，废弃哥特式的浪漫，而取古典式的安定。不复千篇一律地崇尚一种样式，依作家的个性而自由创造各种作风，总称之为"复兴式"。但文艺复兴时代，欧洲艺术以绘画、雕刻为主流，故建筑不甚有名。

文艺复兴以后，建筑的主题忽由宗教改向人生。但这人生不是民众的人生，是少数统治者的人生，即建筑的主题便由教堂而变为宫室。

宫室建筑始于十七世纪中，兴于法兰西。十七世纪是"王权中心时代"，当时法兰西王路易十四世，是近代专制君王的好模范！他即位后的宣言，是"王者有统治的天权，人民不得参政"，于是大兴宫廷建筑，意欲把世界中心移到法国。其建筑样式即称为"路易十四世式"。这种建筑样式，华丽烦琐、多曲线、多装饰，建筑的构成部都用装饰遮隐，外观注重绘

凡尔赛宫——法国古典主义风格建筑，其设计思想影响了之后几百年欧洲皇家
园林的风格。

画的效果，内部装饰非常纤巧奢华，实为近世巴黎的浮夸风俗的起源。

当时路易十四世曾设立一个美术学院，专门培养"路易十四世式"的美术人才。巴黎有三大建筑，除前述的巴黎圣母院外，还有卢浮宫及凡尔赛宫两座宫室建筑。这两宫都是路易十四世所完成的。凡尔赛宫，集合许多建筑家、雕刻家和画家，共同完成，尤为十七世纪宫廷建筑的模范。其形式秾丽纤巧，琳琅满目。从前教堂建筑时代的神秘高尚的气象，到这时代一扫无余。这时代的建筑，只有浓重的现世幸福的气象。路易十四世死后，次代的路易十五世变本加厉地扩张这种建筑式样，宫室的装饰愈加浓艳，其样式特称为"摄政式"（Style Régence）。奢侈之风流入民间，上好下效，国风日趋淫靡。其次的路易十六世，赶紧收回以前的浮靡的样式，而归复于古典的安定。这是法兰西大革命后的近代古典派的先驱，不可谓非路易十六世的功绩。但三代的骄奢之报，集中在他一人身上，终于使他失却了民心，犯了死罪。"宫廷建筑"跟了他一同上断头台。路易十六世上了断头台之后，十九世纪初，拿破仑就出来为法国主政。政权上了这位古代英雄之手，枪花[1]百出，欧洲被他打得体无完肤，赶快把他幽禁在孤岛中，但是各国元气斫丧，民生凋敝，从此人心不安。

[1] 枪花，江南一带方言，此处意为"欺人之计"。

五、商业化建筑

十九世纪科学开始昌明，工业因之而发达，交通因之而便利。生存竞争的幕就在这时候慢慢地展开。生存所竞争的是金钱。要金钱多，最好是经商。现代资本主义商业社会的基础，就在这时候奠定。与人事社会关系密切的建筑艺术，也在这时候开始商业化。

建筑在前代曾为贵族的装饰，到现在变成了商人的广告。百层的摩天楼，光怪陆离的玻璃建筑，合抱不交的大柱的行列，统是写字间、办公所、旅馆、酒楼、百货公司、银行的造型的姿态，统是商业的广告艺术。

北美财力雄富，世界第二大都市的纽约，尤为商业建筑森林。远望那些高层建筑，高大的墓碑，其无数的窗洞就像刻在墓碑上的一大篇墓志铭。最近《金刚》[1]的影戏片子在上海开映（为未曾看过这影片的读者附注：这影片描写一只大猩猩扰乱纽约，毁屋，伤人，爬到最高层建筑的顶上捉飞机等情状）。我坐在银幕面前而把高层建筑看作墓碑时，便见纽约全市墓碑林立，好像一个公墓。这种高层建筑的形式，兼有了埃及坟墓的"大"和中世教堂的"高"，外加了现代的"新"和"奇"，所以形式的效果非常伟大，其新奇能挑拨人的注意，其高大能压迫人的感情；作为商业的广告，最为有效，可以夸示资本的势力，广受世人的信用。

[1] 1933 年由美国雷电华影片公司出品的动作科幻电影。

某建筑家称其所筑的五十层的洋楼为"商业的伽蓝"（Business-Cathedral）。这不但是形式上的比拟；在作用上，现代的商业建筑利用形式的象征力来扩张营业，也与中世教堂的利用形式的象征力来引人信仰完全相同。而在建筑材料的驱使上，在物质文明、机械文明的今日，比一切古代自由得多。十万人扛抬二百三十万条两吨半重的石头而在廿年中做成的事业，在现代决不需要如许人力和时间；况且现代有混凝土、玻璃、铁等更便利的建筑材料，比较起古代事业来真是事半功倍了。

所以古来建筑术的进步，无过于今日。十九世纪的世界艺坛以绘画、音乐为中心，二十世纪的艺坛渐呈以建筑为中心的状态。而古来建筑艺术为社会政策做宣传的努力，亦无过于现代了。

以上已给西洋建筑史描了一个大体轮廓。我们仅从建筑这一端上观察，即可看见社会政策的要求，与造型美术的要求、实际生活的要求，三者常不一致。社会政

美国纽约曼哈顿岛——这里是世界上最大的摩天
大楼集中区。

策要求造极大的坟墓，极高的教堂，极触目的摩天楼，为其政策的助手。但有时为建筑的构成的必然性所难能允许，故埃及的金字塔要费二十年的劳役，意大利的教堂只得中途停工，北美的摩天楼反而不经济。（注：摩天楼超过六十三层，因为建筑工料特费，反而不经济。故超过六十三层的高层建筑是全为竞争广告而造的。）而在群众的实际生活上，也并不需要这样的建筑，其理无须赘说。最近苏俄的建筑家，提倡尊重建筑的实用性，不作无理的夸耀，不尚无理的新奇，而一以群众生活的实用的要求为本。由此或将发展出未来时代的建筑的新样式来，亦未可知。

摩天大楼林立的迪拜。

从坟到店 ———————

1

从埃及时代到现代，世间最伟大的建筑的主题，经过五次的变更：在埃及时代，最伟大的建筑是坟墓，在希腊时代是神殿，在中世时代是寺院，在近代是宫室，到了现代是商店。人类最初热心地造坟墓，后来变成热心地造店屋。窥察其间人心的变化，很有兴味。

坟的艺术 ———————

2

他们看见人死了，确信他将来一定会复活，于是设法把他的死骸好好地保存，以便将来复活时灵魂仍旧归宿进去。他们又确信人死后依旧生活着，不过不是活的生活而是"死的生活"，于是设法给他建造"死的住宅"，好让他死后依旧安乐地生活。他们以为这是人生重要不过的大事，把全部精力集中在这工作上。

人世间的建筑艺术的最初的题材，不是活人住的房屋，而是死人躺的坟墓。读者听到这话觉得奇怪么？现在我先把这缘由告诉你们。

世间最古的建筑艺术是坟墓（尚未成为艺术的初民时代[1]的东西不算），而这些坟墓都建在埃及。故埃及是文化艺术发达最早之国，而又被称为"坟墓之国"。现今你们倘到埃及去，还可在那里看见许多伟大的坟墓建筑。

埃及人为什么这般热心地建造坟墓？这是古代人的一种特殊的人生观所使然的。

学过史地的人谁都知道：埃及是五六千年前建立在非洲的尼罗河沿岸的一个最古的文明国。世界最古的文明发源地有五，即亚洲的中国、印度、美索不达米亚，美洲的墨西哥和非洲的埃及。这五古国都在四五千年以前就有文化。而其中埃及文明开发尤早，据说在六千年前已有耕种猎狩等社会生活，而且已有象形文字。凡开化最早的国，必定具有气候、交通、物产等种种便利。上述五古国，地点都在温带或热带，动植物非常繁殖，生活很丰富；又其地都有河流，灌溉和交通都很便利；这些自然的恩宠，使人类建设了稳固的农业社会。而对于埃及，自然的恩宠尤深：那条尼罗河沿岸土壤异常肥沃，为最佳的农业地带。这河每年秋季必有水泛滥；但这水不是洪水，不为人祸，却使沿岸的农作地增加滋养。故水退以后，不须用劳力去耕种，五谷自会丰登，故埃及人环

[1] 初民时代，即人类从诞生到进入文明时代的一段漫长的历史时期。

文字是文明的重要标志之一，大约六千年前，古埃及人已发明了文字。右图为莎草纸上的象形文字。

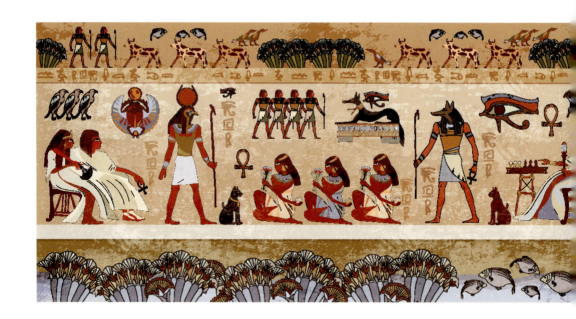

境最良，得天独厚；其开化亦最早。

但他们饱食暖衣之后，坐在茂盛的棕榈树下眺望自己的环境，退省自己的生活，忽然觉得恐怖起来。因为非洲北部是荒凉的大沙漠，只有他们所住的尼罗河沿岸一带，奇迹地展开着一块绿野。他们的周围都是黄沙白骨，死的国土。他们知道自己的生活端赖太阳与尼罗河两者维持着；假如这两者有一天越了常轨，譬如太阳忽然不出来了，或者尼罗河的水忽然干了，他们这地方也会立刻变成黄沙；他们的人也会立刻变成白骨！"生"与"死"的对照，非常强烈地印象在埃及人的意识中。于是他们对于自然就感到无上的畏怖。

畏怖自然，就产生自然神教。古代埃及人尊自然为神。神中最大的当然是主宰他们的生活的"太阳"与"尼罗河"。

人身动物头的形象在古埃及壁画中
十分常见。

此外，牡牛、狼、鹭、鹰、蛇、鳄鱼、甲虫等也是他们的神；鲁迅先生用长竹竿打的猫，也被他们尊奉为神。他们以为这些神都能直接掌握人生的吉凶祸福，有求必应。所以他们所雕的神像，常把人形和动物形混合，例如人首狮身、人首羊身，是古代埃及雕刻中常见的形态。

奉自然为神，就在自然中看出人生的意义来。他们看见那种甲虫飞翔了一会儿之后，产卵在尼罗河畔的泥土中而死去。到了明年，泥土中又飞出许多甲虫来。这样一生一死地反复下去，甲虫永远存在，没有灭亡的时候。又看见尼罗河畔的水草，一荣一枯，也永远活着，没有灭亡的时候。他们以为这暗示着一切生命死了都能"复活"，人当然也是如此。他们看见人死了，确信他将来一定会复活，于是设法把他的死骸好好地保存，以便将来复活时灵魂仍旧归宿进去。他们又确信人死后依旧生活着，不过不是活的生活而是"死的生活"，于是设法给他建造"死的住宅"，好让他死后依旧安乐地生活。他们以为这是人生重要不过的大事，把全部精力集中在这工作上。于是，从这特殊的人生观产生特殊的艺术：死骸保存就是造"木乃伊"，死的住宅就是坟墓，埃及的坟墓，完全是模仿住宅而建造的。

位于埃及塞加拉的马斯塔巴（即石室坟墓），
一种长方形平顶坟墓，出现时间早于金字塔约
一千五百年。

一、金字塔

最初的坟墓建筑叫作"马斯塔巴"（mastaba），是埃及第三王朝以前，大约西历纪元前四千五百年顷所盛行的。所谓马斯塔巴，大体像我们现在所见的墓，不过大得多，而且上面成平台形，是石造的。近地面处有入口，里面是地下室，室中陈设非常富丽，有各种的供物，有各种的器具；壁上装饰着华丽的雕刻和绘画，内室有死者的家眷的雕像，或坐或侍立，宛如生人一样。最里面的地下室中，躺着死者的遗骸——木乃伊。这宛如一所住宅，不过宅中的人都是死的。

第三王朝以后，坟墓艺术大大地发展起来，其建筑形式就由马斯塔巴一变而为"金字塔"（pyramid）。现在先把这种艺术出现的时代说明：埃及建国凡四千余年，共历三十王朝，分为古王朝、中王朝、新王朝和末期的四个时代，我们可列一个简明的年表如下：

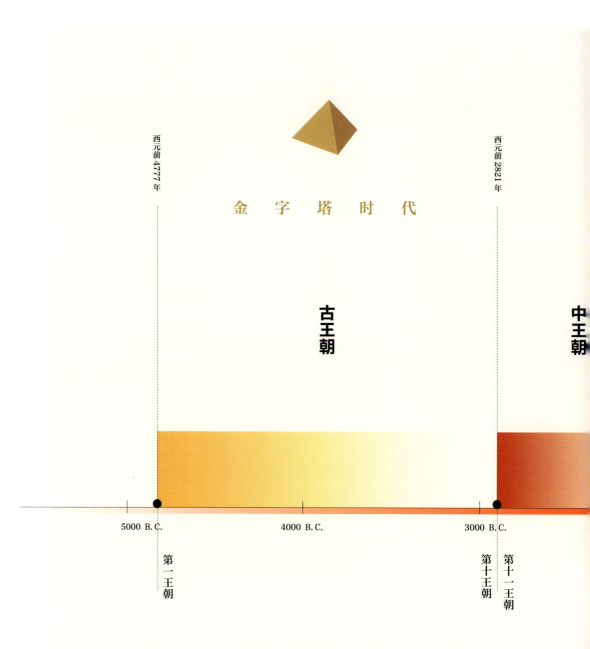

金 字 塔 时 代

西元前4777年

西元前2821年

古王朝

中王朝

5000 B.C.　　　　4000 B.C.　　　　3000 B.C.

第一王朝

第十王朝

第十一王朝

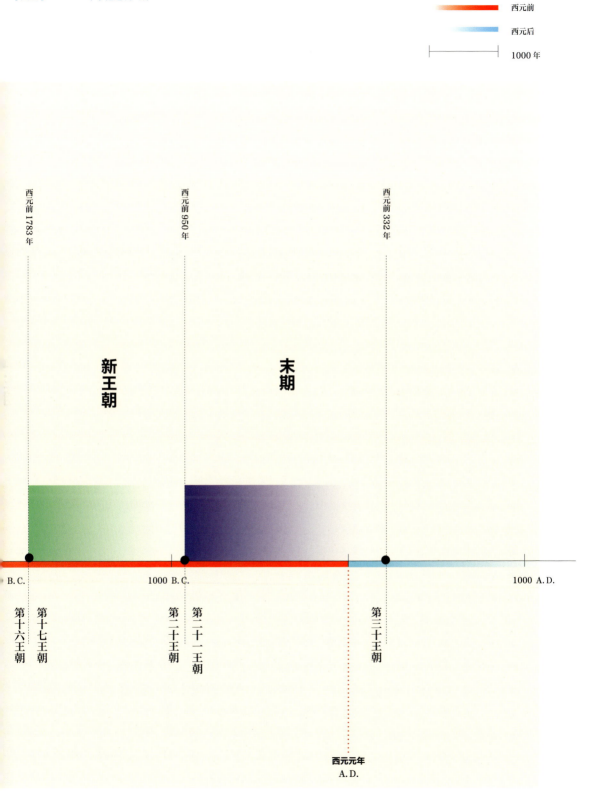

西元前

西元后

1000 年

西元前 1783 年

西元前 950 年

西元前 332 年

新王朝

末期

B.C.

1000 B.C.

1000 A.D.

第十六王朝

第十七王朝

第二十王朝

第二十一王朝

第三十王朝

西元元年
A.D.

其中古王朝是埃及最繁荣的时代，同时也是金字塔建筑最盛行的时代。英主胡夫（Khufu，第四王朝）、哈夫拉（Khafra，第四王朝）、孟卡拉（Menkaura，第五王朝）都在这时代出世，都尽力于金字塔建筑，故古王朝又被称为"金字塔时代"。中王朝是埃及中兴时代，木乃伊制造的技术在这时代最为精进。新王朝是埃及人击退东方民族的侵略，而国民运动勃兴的时代，金字塔木乃伊的艺术到这时代开始衰亡。末期埃及为外国势力所支配，民气不振，终于被亚历山大大帝所并吞。

金字塔是古王朝时代盛行的建筑，但其灭亡在于第十八王朝（新王朝时代初叶）。故我们可说，埃及全时代的上半是金字塔建筑出现的时代。就中最伟大的金字塔，便是第四王朝的胡夫王、哈夫拉王，及第五王朝的孟卡拉王自己督造的坟墓，总称为"三大金字塔"。

三大金字塔，建设在尼罗河下流的吉萨（Gizeh）附近，是西历纪元前约三千年前的建筑物，至今已有五千余年的历史，但还是非常坚固，毫不受"时间"的破坏，于此便可想见当时建筑工程的伟大。材料全部是极坚硬的石灰岩，中央用带黄色的石灰岩，外部盖以白色的石灰岩。就中最高大的一个金字塔，是胡夫王之墓。高四百八十英尺，三角形的边长七百七十五英尺，斜面的角度为五十一度五十分。人走近去，只及塔高的约百分之一；绕塔散步一周，费时半点钟以上。其高大由此可以想见。所以建筑的时候，所费的石材和工程，数目也可惊：计用二吨半重的石头二百三十万条，由十万人于廿年间造成。这是胡夫王生前自己指使百姓建造的。当时埃及人一方面畏怖自然，一方面又研究自然，科学已很发达，数学、天文学等都有可观的成绩。故建筑工程也非常进步，这二百三十万条大石头的镶合，十分精密，分毫不差；全体的形式十分正确，表示着庄严伟大的均齐对称的美；坟墓内部的构造与装置十分坚固而周详。其横断面如右图：

金字塔横断面图。

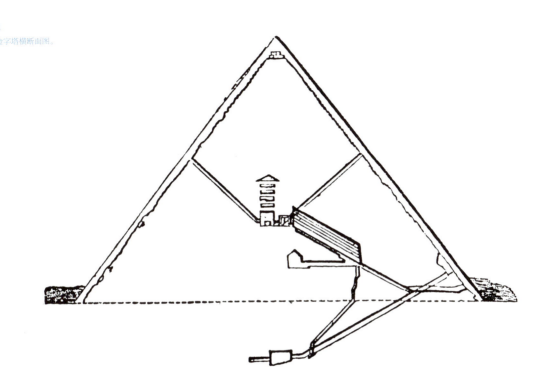

从这图中可以看见，坟墓的入口是离地面很高的。向下走了一段路，到了歧路口；再向下是地下室，仿佛人家的仆役室、汽车间之类；折向上便是死者的住宅。先来到一间广大的石室，这仿佛人家的厅堂。这厅堂的里面，便是胡夫王的寝室。内有王的棺材和王生前爱用的种种物件。厅堂的下面，是王妃的寝室，也有王妃的棺材和王妃生前爱用的种种物件。各室都有通气装置，如图所示，像天窗一般，一直通达金字塔的外部，使空气可以交流，胡夫王和王妃的魂住在那里不致气闷或受潮湿。各室四壁都是雕刻和象形文字，记录着胡夫王生前的勋业与功德。

其余的两个金字塔较小：哈夫拉王的高四百五十英尺，孟卡拉王的高二百十五英尺。构造大致相似。

金字塔里面最重要的东西，当然是死骸。埃及人的死骸用药品香料泡制过，可以永远保存，神色同生前一样。这种死骸就是木乃伊。帝王的死骸，当然制得尤加讲究。某考古

位于埃及吉萨的三大金字塔。

学者赞叹埃及帝王的木乃伊工作的精美，说"倘使他的臣下
复活转来，一定能够立刻认识他们的大王的天颜"。埃及人
的造坟墓与制木乃伊，原是为了死者的死后生活的幸福，及
复活时的灵魂的归宿，所以坟墓完全模仿宫室住宅而建造。
木乃伊则力求其同生前无异。若制法不精，腐烂或变形了，

将来灵魂归来时认不得自己的躯壳，非常危险。帝王的木乃
伊，关于这一点顾虑尤加周到，除精制的木乃伊以外，棺材
的盖上又刻着非常肖似的死者的雕像，万一时间过得太久，
木乃伊朽腐了，而灵魂归来找不到栖处的时候，就可用棺盖
上的雕像作为躯壳的代用品，使灵魂归宿进去，复活起来。
棺材之外，室中又必陈列死者的许多肖像，或雕刻，或绘画。

←
木乃伊的棺盖上雕有逝者的肖像。

↑
古埃及新王朝时期第十八王朝法老图坦卡蒙的面具（现代复制品）。

这些肖像的作用，也无非是求复活时的安全，使灵魂归来时容易找寻自己的归宿所。这种坟墓建筑，在现今的我们看来，正是一所古代生活的博物馆。却不道当初建设的时候，其用意是这样可笑的！

三大金字塔的旁边，还有个奇怪的大雕刻，人面狮身，其名为"斯芬克司"（Sphinx）。关于这怪物，有种种的故事。普通传诵的，说这本来是一个活的怪物，住在山中的路旁，见有行人经过，就给他猜谜，猜不着的须给它吃掉。它的谜是："起初四只脚，后来两只脚，末了三只脚，是什么东西？"

行人都猜不出，被它吃掉，白骨在它的身边堆积如山。后来一个聪明人猜着了，说这是人，人幼时匍匐而行，好像有四只脚；稍长会立起来，就变成两只脚；老了扶着拐杖走路，就好像有三只脚。谜猜着了，这怪物忽然死去，化成石质，就是现今的斯芬克司。这故事，诸君在英文教科书等处一定更详细地读到过。但埃及的斯芬克司，意义与这不同：如前所说，埃及人信奉自然神教；牡牛等动物被他们尊为神的化身。故他们常把人的形象和动物的形象混合起来，创造一种奇怪的神像。斯芬克司正是这种神像之一例。

三大金字塔旁边的斯芬克司是何时何人所造，历史的记载也没有确定。有一说，这是在三大金字塔以前的建物，其用意是要它蹲在尼罗河岸上守视河水的；另一说，这是哈夫拉王所造的太阳神的象征，或握着绝对威权的埃及帝王的象征，人面狮身，即表示其兼有人的智慧与狮的勇力的意思。此二说不知孰是。总之，是一种极伟大而奇怪的神像。这东西离开大金字塔约九百英尺，其身体长一百五十英尺，高七十英尺，前足长五十英尺，两前足的中间抱着一所殿堂，殿堂里又供着神像。阿拉伯人到埃及来，看了这大怪物害怕得很，称之为"恐怖之父"。这石雕的工程虽无记载，但是我们可想见其浩大，当不亚于金字塔。

为了一个人的死骸安置的问题，要驱使十万人服廿年的劳役。这种专制的手腕远在筑万里长城的秦始皇之上！如前讲"从坟到店"中所述，埃及是专制的国家，帝王有绝对的威权，人民都绝对地服从。故帝王的坟墓造得越高、越大、越厚，其对于人民的压迫的暗示力越强。这样看来，"复活"之说，也许是愚民的一种策略。

二、坟墓殿堂

埃及艺术有两大动机，一是坟墓的艺术的要求，一是自然神教的艺术的要求。由前者产生金字塔，由后者产生神庙。在古王朝、中王朝时代，这两者是分开的；到了新王朝时代，国内群雄对峙，不复如前的集权于一人，因此大金字塔的营造也就被废，坟墓改用岩窟或与殿堂合一，叫作"坟墓殿堂"。前面说过，埃及的坟墓是模仿住宅的。现在又须知道，埃及的殿堂是世界的缩图。那石造建筑的内部，天花板上涂青色，点缀着许多星，这是表示天的。楣的上部雕着鹰，鹰是埃及人的神，这等神守视着下界。壁的下部描着或雕着波浪、花草，表示地面上的河流。埃及国土分南北二部，埃及的殿堂建筑亦分为二部。一所殿堂是一个天下的缩图。讲到建筑的伟大，同金字塔一样可惊。现在把最伟大的卡纳克神庙附说在下面。

从开罗溯尼罗河上行三百英里[1]，到了底比斯。这是新王朝时代的艺术中心地，位在尼罗河的东岸。世界最大的宗

[1] 1 英里约合 1.6 千米。

教建筑卡纳克神庙就建在这地方。这神庙建筑始于第十一王朝（纪元前约二千一百年顷，中王朝初叶）；至第十二王朝更加扩大；到了第十八王朝（新王朝初叶）营造最为热心，大致臻于完成。后来第二十王朝（新王朝末叶）诸帝王又屡加增修。前后共历数百年方始完成。但大部的工作是第十八王朝的图特摩斯（Thutmose）大帝所经营，故不妨说这神殿是新王朝时代的遗物。

据记载，卡纳克神庙的前面开阔三百六十英尺，深度一千二百英尺。门外路的两侧蹲着无数狮身人面的斯芬克司，为神殿的门卫，上面覆着深绿的棕榈树。殿自外而内，凡经六个巨门（pyron）。第一个巨门最巨，幅三百六十英尺，厚五十英尺，高一百五十英尺。门上雕着帝王的功业的图说。门前有一对方尖碑（obelisk），碑尖上涂以白金，照在太阳中闪闪发光。碑的四周用象形文字记载着帝王的事迹。门口有一对图特摩斯大帝的大石像。又有一对大斯芬克司。殿内分三进：第一进，四周是巨大石柱，中央陈列着种种高贵的供物，如大瓶的香油，盛黄金的象牙的箱，肥大的牲牛、骏马等；第二进，四周又是巨大的石柱，柱上刻着浮雕，是赞美神的恩惠的；第三进，是一个巨大而幽暗的柱堂，广三百四十英尺，深一百七十英尺，共有大石柱一百三十余根，分作十六列，中央二列石柱最大，直径十一英尺六英寸，高六十九英尺，柱头作花形。左右两旁各七列石柱稍小，直

径八英尺五英寸，高同上，柱头作蕾形。关于这柱堂的巨大，
传记者这样地描写着：每根大石柱的莲花柱头上，可以站立
一百个人。又说：巴黎圣母院可以全部纳入这柱堂内。各柱
全体浮雕，涂金，真是庄严伟大！

　　神像供在这大柱堂的里面的幽室中。其神称为"Amon-Re"，
就是最高神 Amon（阿蒙）与太阳神 Re（拉）的合祠。大帝

↓
卡纳克神庙遗址废墟。

每年入殿祈神一次，仪式非常隆重。

卡纳克神庙的对岸（尼罗河的西岸），是有名的"死之都"，又称为"王墓之谷"（Valley of Kings），是新王朝时代诸帝王的坟所会聚的地方。前面说过，新王朝时代的坟墓不用金字塔形式而改用岩窟或殿堂形式。这王墓之谷便是坟墓殿堂的建筑地。墓室都造在地下，室的四周是壁画，室中陈列着"死者的书"，就是记录死者的事迹的。其中主要的，有阿美诺菲斯三世（Amenophis Ⅲ，第十八王朝），图特摩斯一世（Thutmose Ⅰ，第十八王朝），塞蒂一世（Sety Ⅰ，第十九王朝），及拉美西斯二世、三世（Rameses Ⅱ、Ⅲ，第十九王朝）的墓室。十九、二十世纪以来，这些古帝王的墓室常被考古学者所发掘，而从其中搬出许多宝贵的古物来陈列在博物馆里供人观赏。当日的丧葬大礼，到现在只是一种观赏兴趣。人类的历史何等滑稽！

古王朝是坟墓建筑大盛的时代，新王朝是神殿建筑大盛的时代。新王朝以后，埃及受外国人势力的压迫，国势衰落，艺术亦无可言。到了西历纪元前五百二十五年，埃及就被波斯所灭。不久其地又归希腊，纪元前三十年，复由希腊人手中让给罗马。到了纪元后六百四十年，埃及各处点缀着簇新的回教寺院，已成为回教的世界，略如现今的状态了。唯有那庞大的金字塔、斯芬克司和神殿遗迹，依旧蹲在那里，直到现今。好像火车中要乘到终点才下车的几个长途旅客，一任旁的人上上下下，只管一动不动地坐在自己的位子里。

→
卡纳克神庙入口处的雕像。

→
卡纳克神庙中的象形文字。

卡纳克神庙多柱厅，代表着古埃及帝国建筑艺术的高峰。

这回要讲的是希腊的神殿建筑。希腊的神殿，是古今东西最精美的、最艺术的建筑。我要讲得稍长些。

一、希腊精神

开头先得把希腊的国情讲一讲。

希腊人是全世界最"艺术的"民族。这与其国的天时地利都有密切的关系。它的地点位在半热带上，气候温暖，五风十雨，故土地肥沃，生物繁衍。这是希腊文明的稳固的根柢。纪元前八世纪，希腊文明已经相当地发展。当时已有很进步的吟咏史诗，就是今日世间传诵着的《伊利亚特》(*Iliad*)、《奥德赛》(*Odyssey*)等叙事诗。这种文学，相传是当时希腊的盲诗人荷马(Homēros)所作。这盲诗人自己弹着当时的乐器里拉[1]而歌唱这些诗。可知文学、音乐，在希腊很早就发达。

希腊的地势很特别：小小的山脉，好像叶脉一般分布在全国，把全国隔分为许多小区域。住在各区域中的人民，犹似住在各教室中的学生，各自为一群而励精图治。然而其地三面环海，各教室由海道交通又很便利，并不是完全声气不

南入口

南露台

南侧走

---

[1] 里拉(lyra)，又称诗琴，古希腊民间的一种弹拨乐器。

↓
希腊文明发源于地中海上的克里特岛，岛上的王宫建
筑是该文明最大的特色，下图为克诺索斯王宫建筑群
的复原图。

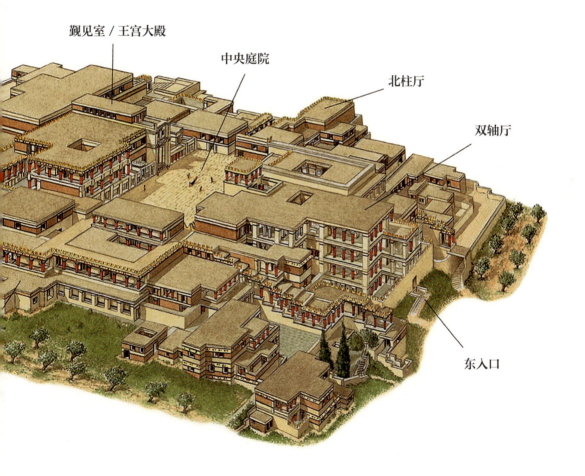

觐见室 / 王宫大殿

中央庭院

北柱厅

双轴厅

东入口

通的。因了地势特殊的关系，希腊自然地变成"都市国家"。每一区为一都市，希腊全国就由各都市联合而成。都市国家的民风的特色，是缺乏意志的疏通，而富有竞争的精神。所以各区域好像各小国，对外时联成一家，平日却互相比较、竞争，犹似学生的竞争分数。因此各区文化状态不同。最显著的，雅典人尚文，斯巴达人尚武。这是读过历史的大家知道的。希腊地下富有良好的大理石，这是希腊建筑精美的一种助力。南国空气透明，使人民富有神性的观念，也是希腊神殿建筑盛行的一个原因。

希腊人的神性观念，与爱国心和艺术思想密切地相联络。这正

希腊古奥林匹亚遗址，奥林匹克运动会便起源于此。

是"希腊精神"的可贵的特色。所谓"希腊精神"，是一种爱国的自由自治的精神。但他们的爱国，不取自私自利的国家主义的态度，乃用宗教信仰的形式。而他们的宗教信仰，也不取严谨的唯心主义的态度，乃用艺术研究的形式。希腊人的爱国，经过了宗教的"纯化"，与艺术的"美化"，而显示一种非常调和的自由自治的精神。从古以来，国家人民的团结精神，未有盛于希腊者。希腊人视艺术同宗教一样，敬神就是爱国。故国势强盛时，宗教和艺术都发达。全国上下融和，精神与物质一致。自来群众生活的幸福，亦未有盛于希腊者。

希腊人因为爱自由，故艺术为他们的社会生活的必需之物。民众的意识完全是"艺术的"。为了"美"，大家忘怀了自己，把全身精力贡献出来。故自来民众艺术的优秀，亦未有甚于希腊者。希腊全岛自从西历纪元前七百七十六年开始，每四年举行一次国民竞技大会，叫作"奥林匹克游艺会"。这会在名目上是为祭大神宙斯而开的；其实他们在神前竞技，借以奖励体育，提倡尚武精神。健康美是艺术的基础，尚武精神是爱国的手段。所以在这游艺会里，宗教、艺术和爱国，三位一体地融合着。在这竞技中，体格的健美为优胜的根基。无论男女，第一要修养健康的体格。竞技优胜的人，被照自己的身体雕刻一个裸体像，陈设在会中。裸体雕像就从这时候（前六世纪）开始盛行。在这样的奖励之下，健、美、

强、光荣就合并为一物。故英国诗人济慈（Keats）咏奥林匹克的胜利的诗中有这样的句子：

’ Tis the eternal law,
The first in beauty should be
the first in might.

大意是说："美中第一的人，应是力强中第一的人。这是永远的法则。"故希腊的艺术中，舞蹈发达得很早。舞蹈是一种很好的全身运动，而又表现出各种的姿态美。如莎翁所说，舞蹈是"四肢的笑"。在四肢的姿态上看来，我们平日行住坐卧，都是死板的，没有什么表情。唯有舞的时候，四肢表出美的姿态，当它一个脸孔看，就好像在笑。希腊人拿四肢的笑来敬神，比较起我们佛教里的膜拜来，更为自由而美丽。可见希腊是天生的艺术的民族。

希腊全国，如前所说，因小山脉的天然界线而区分为许多小邦。其中雅典和斯巴达二邦文化最为优秀，雅典人是属于爱奥尼亚族（Ionia）的，斯巴达人是属于多利安族（Doria，一译多利亚族）的。这两族是希腊人中的最优秀分子，而性行显著地各异。爱奥尼亚人尚文，多利安人尚武。故雅典文艺的昌盛为古今所未有。雅典人信奉其明君伯里克利的话："理想即实行。"故他们所有的美的理想，都结晶在艺术中而表现。他们的思想，可说是个人主义与国家主义的结合。尚武的斯巴达人，态度就完全和雅典人不同：他们完全是国家中心主义者。男子养到七岁，就要走出家庭，被交托于政

古希腊著名政治家伯里克利的雕像，
波塞冬神庙就是由他倡导重建的。

府。由政府施以合理的训育，养成一个健全的国民。遇有战争，全国的人一致用他们的健全的身手去御侮。保国先于保身，国亡宁可身死。斯巴达的母亲们当孩子出征时，这样地对他话别："你此去不是持了盾牌归来，必须用盾牌载了你的身体归来。"败归是母亲们所不许的。

这最优秀的二邦之中，雅典文明比斯巴达尤为炽盛。雅典的全盛时代，在于纪元前五世纪。自纪元前四百六十六年至前四百廿八年的四十年间，为雅典全盛期的绝顶点。原因当然是国势的扩张；自纪元前四百九十三年至前四百四十九年之间，希腊与波斯人战，屡获大胜，而大功属于雅典人。文化的全盛就在这大胜之后开始。当时雅典的明主，是大政治家伯里克利。他为纪念优胜，粉饰太平，首先提倡重修雅典守护神之殿。希腊人本来是富于神性的，伯里克利的计划也是因势利导，利用人民的神性来巩固国家。国家的胜利是神的佑护所致，敬神就是爱国。读者或将以为这也是一种愚民政策么？我以为即使是，伯里克利亦无罪。因为他自己也只享受市民一分子的权利，与雅典全体市民平等。拿宗教艺术作为收揽群众的心的手段，是真的。为谋群众的幸福而收揽群众的心，正是最善良的向导者的所为。

希腊人很早就有敬神的观念。纪元前五百一十年，希腊出了一个暴君，百姓受其虐害。当时有两个志士，名叫哈莫狄奥斯（Harmodius）与阿里斯托吉顿（Aristogiton）的，仗剑入宫，杀了这暴君，为群众除害。全希腊的人崇敬这两位志士，当时请有名的雕刻家安特诺尔（Antenor）为这二人雕像。像作拔剑奋起之姿，勇武可敬，后代的希腊人就供祀这两个像，奉他们为国土的守护神。希腊国势果然日益强盛。后来波斯王讨希腊，陷雅典。波斯人相信希腊的强盛确是由这两个神像的佑护而来，便把它们夺了去。希腊人也确信他们的强盛乃由神像佑护而来，以为国民不可一日无此像，立刻另雕起两个来奉祀，所以这两个雕刻，相传有新旧二型。后来希腊有名的英主亚历山大大帝征波斯，进军的第一目的是夺回二神像。现今这像陈列在意大利那不勒斯的博物馆里；但是新型抑旧型，无从考知了。

希腊人对于神的信仰，向来是这样深挚的。所以伯里克利打了胜仗，做了全希腊的盟主，第一件事是重修以前被波斯人所毁坏的雅典卫城（acropolis）上的神殿。

二、希腊神殿

所谓卫城，是雅典市西南方的一个孤丘。形势很特殊：除了西面一个狭小的入口以外，其他三面都是断崖。其地面，南北长五百十四英尺，东西长八百九十一英尺。雅典市本来就建设在这小小的丘上，后来发展起来，移建在丘麓，而以丘为供奉神明之处。纪元前四百八十年，波斯军侵入雅

鸟瞰帕提侬神庙遗址。

典，毁坏了丘上的神殿。其后，自纪元前四百六十年至前四百三十五年之间，伯里克利大胜波斯，就在这时候发起重修丘上的神殿。

丘上共有三处神殿：位在西侧入口处的叫作 Propylon，就是"山门"；位在丘的北面的叫作 Erechtheion，音译为"伊瑞克提翁神庙"；位在丘的中央（稍偏右）的叫作 Parthenon，即"帕提侬神庙"，为丘中的主要的建筑，形体最大，工事最精，为守护女神的黄金象牙雕像所供祀的地方，便是本文所讲的主要题材。雅典卫城全景中，上方最高的一所柱堂（位在中央偏右），便是帕提侬；其左面（即北面）较低而远的一所柱堂，就是伊瑞克提翁。但到了今日，这卫城上的神殿已大部分被毁，只留存残废不全的遗迹了。

如前讲所说，埃及的帝王曾令十万人用二百三十万条二吨半重的石头在廿年间建造高四百八十六英尺的金字塔。希腊人决不会做出这种笨举来的，希腊人对于建筑艺术不在乎"大"，而力求其"精美"。图中所示的帕提侬神殿，高不过七十英尺，然而材料和工作精美之极。自来美术史家称颂之为"人类文化的最高表象""世界美术的王冠"。读者看了插图，听到这种称颂的话，最初一定怀疑美术史家的夸张。因为图中所示，只是支离残缺的一座破庙，怎么当得起"最高表象""王冠"的赞辞？不错，图中所示的只是遗迹图，但当二千四百年前，这遗址上曾经载着世界无比的精美的艺术品。二千四百年来的天力的磨损或人力的摧残，使它变成了图中所示的模样。

　　这神殿建筑动工于纪元前四百五十四年，前四百三十八年献神，到了前四百〇八年而完工。全部用世间最良的大理石，即所谓"彭特利库斯大理石"[1]建成。殿作长方形，向西。正面和后面各八根柱子，两旁各十七根柱子。内阵还有两排柱，每排六根。中央供着守护雅典的处女神像，即雅典娜·帕提侬（Athena Parthenon）。神像全用黄金和象牙雕成，右手执长枪，左手持盾，和平威严的一种女丈夫相。这像现今陈列在伦敦的大英博物馆的爱琴室中。世界各处的大博物馆中，都有同样的复制品。因为这是名手的雕刻。伯里克利建造这神殿时，聘请有名的雕刻家菲狄亚斯为工事总长，神像雕刻即出于菲氏之手。又请二位有名的建筑家，即伊克蒂诺（Ictinus）与卡利克拉特（Callicrates）。大理石的殿堂就是他们两人设计建造的。看似只有一排一排的柱子，并无何等巧妙；然而这殿堂全体的姿态，以至各小部分的形状，都是根据希腊人所独得的极进步的美感的要求而精密地构成。以此被称为"世界美术的王冠""人类文化的最高表象"。现在可把关于这建筑的美术的设计约略地说一说，更使读者知道其精美的所以。

1　雅典北方彭特利库斯（Pentelicus）山中所产的大理石，为世界最良者。

公元前五世纪末雅典卫城的复原模型。

三、楣式建筑的特征

希腊的神殿建筑的式样，称为"楣式建筑"。楣就是屋顶下面的水平的横木。在石造建筑上就是一根横石条。这石条的下面，由许多柱支住，称为"柱列"。柱列为楣式建筑的主要部分。所以楣式建筑的派别，常以柱列的形式为标准而区分。这与埃及的神殿建筑相同。不过埃及神殿的柱不在外面而在里面，希腊则表出之在殿的四围，其殿称为"柱堂"。埃及的殿较大，人走进殿内去礼拜；希腊的柱堂较小，里面仅供神像，拜者都在柱堂外面的空地上。所以希腊的殿，外观非常注重，即柱列的形式非常讲究。

帕提侬神庙是典型的"楣式建筑"。

希腊建筑共有三种"柱式"。因为创行于多利安、爱奥尼亚、科林斯三地方，故称为：

1. 多利安式（Doric order）——健全

2. 爱奥尼亚式（Ionic order）——典雅

3. 科林斯式（Corinthian order）——华丽

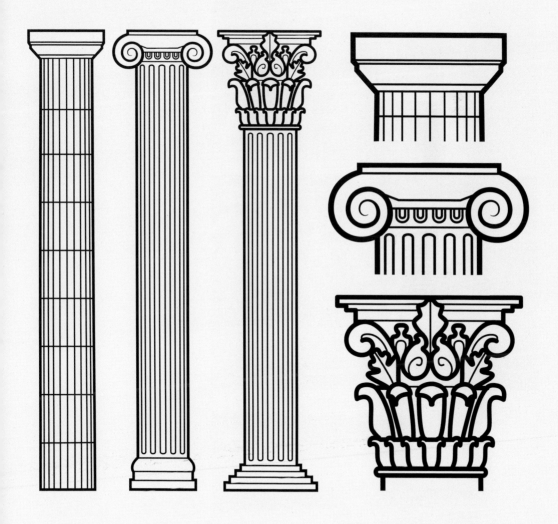

1. 多利安式柱头。
2. 爱奥尼亚式柱头。
3. 科林斯式柱头。

这三种柱式，趣味各殊。多利安式的柱粗而矮，柱头简单，柱脚无底盘，全体朴素，坚实而庄重；以安定为本位，故有健全之感。爱奥尼亚式的柱细长，柱头作涡卷纹样，柱脚有层层的底盘；全体轻快、玲珑而洗练；以趣味为本位，故形式复杂而有典雅之趣。科林斯式的比前者尤加复杂，柱身一样细长，柱脚一样有层层的底盘，而柱头的纹样比前者更为细致，雕着莨苕花（acanthus）的叶子的图案纹样，用以连接柱头和楣，楣上的雕工亦比前者复杂，全体富于华丽之感。这不是完全的希腊建筑样式，乃在希腊趣味中加入后代社会的新趣向而创生，流行的时代亦远在亚历山大大帝之后。故三种柱式中，前两者是纯正的希腊风，为希腊全盛期建筑所重用；后者是希腊末期的东西，远不及前二者有价值。因为以植物的叶子的图案作为柱头装饰，这部分有柔弱的感觉，好像不能承受上面的石楣的重量；既不"合理"，又使人起不安定之感。希腊人尊重"合理性"，不欢喜"华丽"。故科林斯柱式不是纯希腊风的建筑形式。

后来意大利人又创造两种柱式：

4. 托斯卡纳式（Tuscan order）——似多利安式

5. 混合式（Composite order）——似科林斯式

| 托斯卡纳式 | 多利安式 | 爱奥尼亚式 | 科林斯式 |

↑
西洋建筑的五柱式。

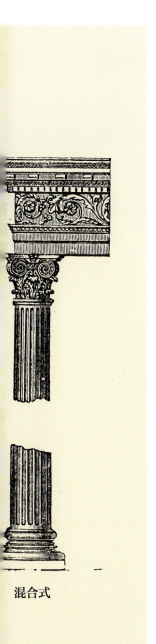

混合式

合前三者，一共五种柱式，称为"西洋建筑的五柱式"。还有一种是罗马风的柱，称为罗马多利安式；但无甚特色，只当作多利安式的一种变相。各柱式的长短、广狭及装饰，各自不同，而趣味亦各异。西洋建筑上所用的柱式，大概不外这五种。

四、希腊建筑中的视觉矫正

话归本题。雅典卫城中的二神殿，取两种柱式：帕提侬取多利安式，伊瑞克提翁取爱奥尼亚式。但希腊的建筑艺术，不仅讲究了柱式而止。关于帕提侬正殿全体的构成，两位建筑家曾经煞费苦心。他们为求神殿形式的十全的美满与调和，曾用其异常锐敏的视觉，于各部的大小、粗细、弯度，及装饰上加以种种精密的研究。其工作名曰"视觉矫正"（optical correction）。今举例说明于下。

前面说过，希腊人是世界上最"艺术的"民族。故希腊人的眼睛的感觉异常灵敏。他们觉得几何学的线，都不正确且不美观。因为人的眼睛有错觉，绝对的几何的直线，有时看起来不是直的，有伤美观，非矫正不可。这方法叫作"视觉矫正"。用锐敏的视觉观看世间，自然界是十分调和美满的有机体；机械的直线和几何的形体，感觉非常冷酷，毫无生气，简直没有加入大自然中的资格。故在南国的美丽的自然环境中要造一所十分调和美满的建筑，一切几何的形体和

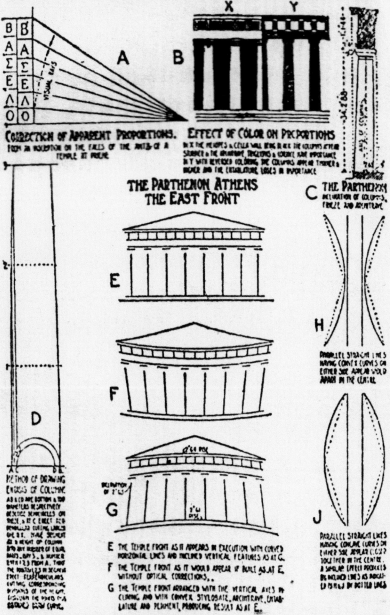

希腊建筑的视觉矫正。

线都不中用，非凭视觉的美感去矫正不可。视觉矫正的重要者有五项：

1. 帕提侬的柱列。例如正面八根柱，照我们想起来总是垂直地并列着的。其实这八根柱子只有中央两根垂直，左右两旁的六根都向内倾斜，越近两边而倾斜越甚。实际上照图中 G 的样子排列着，上小下大，略似金字塔模样。为什么不一概垂直而要像 G 一般排列呢？这八根柱上面载着很重的石楣。在实际上，下面这许多大石柱颇能担当这石楣的分量，毫无危险；但在感觉上，好像柱的担负很重，难于胜任似的。所以你倘把这八根柱照几何的正确而排列，如同图 E，看起来就变成像 F 的模样：石楣压迫下来，旁边的柱子都被压得向外分开，使人感觉危险，不安心。这是一种错觉。欲矫正这错觉，只有把八根柱子照 G 图排列，上面向内收小些，以抵补错觉的向外分开，于是看起来就觉得八根柱并行垂直，像 E 图一样了。但柱的倾斜之度极微。如 C 图所示，就柱轴而论，全长约三十四英尺的柱，柱轴顶向内倾斜约三英寸。

2. 帕提侬的屋基（base）。即柱脚下的基石，照我们想来总是水平的直线；其实却是中部向上凸起的弧线，如 G 图所示，其凸起的程度：殿的前后两面，屋基长一百〇一英尺，正中央比两端凸起三英寸。殿的左右两面，屋基长二百二十七英尺，正中央比两端凸起四英寸。其下面的阶石三级，也跟了基石作微凸的弧线。但这些弧线的弯度，当然是微乎其微，渐乎其渐，就各部分看来仍是直线。只有从一端向彼端，同木匠司务一般闭住了一只眼睛而探望，才见中部微微凸起。为什么要使中部凸起？也是感觉的关系：因为上方的石楣和石柱压力很重，倘基石用几何的水平直线如 E 图，你望去会看见 F 图的模样，基石似被压得向下凹，屋子似将陷落，很不安心的。故必须造成如 G 图的向上凸，以补足其向下凹的感觉。于是眺望时就看见像 E 图的正确的水平形了。

3. 帕提侬的柱，不是几何的圆柱形，即两旁不是两根直线，却用复杂的曲线包成。其曲线上方渐小，而下方渐大，如 D 图所示。图中下方 AB 为柱下端直径之长，CD 为上端直径之长。中分三阶段渐渐向上收小。全体没有一段几何的直线，都好像人体上的曲线，有弹力似的。这 D 图的做法，名曰 entasis（卷杀），即柱体胴部膨胀法。为什么要如此？因为几何的平行直线，看时会发生错觉，好像两端向左右分开，而中央细弱欲断似的，如 H 图所示。必须像 J 图中部膨胀，方见两直线正确平行。entasis 即根据这种错觉而来的矫正法。柱的上部负着石楣的重量。倘用几何的直线，则中部细弱的错觉使全体建筑物显出危险样子，使看者很不安心。只有 entasis 法的曲线，好像有生命的活物的肢体，稳妥地承受石楣的重量，使人感觉安定快适。这神殿便似一件天生的活物，完全调和于周围的大自然中。

4. 帕提侬的柱列，不是每相邻两根距离相等的。又全体各部的装饰，也不是像普通图案的带模样一般地距离均匀的。他们根据了观者的视线的仰角的大小而施以种种的长短广狭的变化。故实际上各部大小并不均匀，而映入观者眼中时十分均匀。仰角之理，如 A 图所示：假定我们要在六丈高的壁上横断地划分为均匀的六格，不可用几何的方法把它分为每格一丈（如 A 图中左边上的自 O 至 B），我们必须使下面的格子小而上面的格子渐渐放大（如 A 图中右方的自 O 至 B）。

↓
收藏了众多古希腊艺术品的大英博物馆，它的大门便是按照古希腊神殿的风格建造的。

希腊雅典的宙斯神庙，柱身表面刻着细沟，柱头加有曲线。

因为前者映入眼中时，觉得上方的渐小而下方的渐大。故必须把上方的渐次放大，方才看见均匀的状态。试看图中的仰角的视觉线（visual rays）所示，壁上的格子实际上虽大小不均，但投影于眼中时，上面格子渐次缩小，成了与各视觉线相交的弧线（点线）上的状态，即各格距离相等而均匀了。帕提侬神殿各部的尺寸，都根据这仰角之理而加减伸缩，故感觉上十分美满。

5. 帕提侬的柱，不是根根一样粗细的。大概两边上的柱较粗，中部的柱较细。因为凡物衬着明亮的背景时，看起来好像细些；反之，衬着黑暗的背景时，看起来好像粗些。如B图中X及Y所示。这好比一个人，站在野外时看似瘦些，站在门中时看似胖些。帕提侬两边上的柱，以天空为背景；中部的柱，以殿堂的内阵为背景。倘用同样粗细的柱，眺望时必见两边上的柱异常细而中部的柱异常粗，很不美观。故必须把两边上的柱加粗，把中部的柱缩细，以补足这错觉，方才看见各柱一样粗细。柱上面的排档间饰（metopes）也不是大小一致的，亦因背景的明暗加减其大小，亦如B图中X与Y所示。

看了以上所述的帕提侬神庙建筑的视觉矫正的五要项，

谁不惊叹希腊人的造型美感的异常的灵敏？想象了这殿堂的十全之姿，而反观我们日常所见的所谓建筑，真是草率了事，谈不到"美术"的。想象希腊市民的丰富的美术教养，而反观我们日常所见的人，就觉得他们的眼睛对于形式，气度太过宽大：大小不称，粗细不匀，都漠然不觉；曲了也无妨，歪了也不要紧，只要满足了"实用"的条件，一切形式皆非所计较。气度不是太过宽大么？

话归本题：帕提侬的建筑，除了上述的视觉矫正之外，其他工事的精美尚不可胜言。

柱的表面，都刻着细沟，每柱周围二十沟。沟的作用，一则使柱增加垂直之感，二则希腊地在南欧，日光强烈，光滑的大理石柱面，反映太强，刺激人目使起不快之感，故设细沟以减少反光。

柱的头上，必加曲线（多利安式的也必有一层曲线），其作用是使柱与楣的接合处柔和自然，好似天成；因此柱可减少负重的感觉。

各部石材接合的地方，绝对不用胶（如水泥、石灰等），全用凿工镶合，毫厘不差，天衣无缝。故帕提侬全体好像一套积木玩具。假如有巨人来玩，可以把它全部一块一块地拆开，再一块一块地搭拢来，而且希腊人非常讲究力学，虽然构造上全不用胶，但非常坚牢。试看现今的遗迹的正确，即可确信这神殿倘无人力的破坏，二千四百年来一定完好如初。

　　总之，希腊神殿建筑的形式美，可谓十全。其中变化非常多样，而全体非常调和统一，可谓"多样统一"（variety in unity）的至例，故美术史家称这神殿为"理想在彭特利库斯大理石上的结晶"，又称之为"人类文化的最高表象""世界美术的王冠"。

　　不幸这世界美术的王冠，纪元之后就被战争所摧残，经过了历次的劫祸，成了破庙的模样。罗马兴，基督教势力侵入希腊时，雅典处女神就被放逐，帕提侬神庙被改用为基督教堂。殿内外所有关于神的描写的浮雕（皆菲狄亚斯手作的），都被取除，而在那里改装了血腥气的十字架。东罗马灭亡后，希腊又归属于土耳其。帕提侬又改为回教寺院；除去了十字架，而在四周立起回教建筑的尖塔来。十七世纪时，土耳其御外侮，以这城山为要塞，以帕提侬为火药库。故军的炮弹打进殿中，火药爆发起来，殿的中部坠落。这是一千六百四十五年的事。十八世纪末，英国驻土耳其大使埃尔金伯爵（Lord Elgin）惋惜这等古代美术的沦亡，出些钱，向土耳其人买了殿内可移动的一切雕刻，送到伦敦的大英博物馆去保藏。这似是文化掠夺，但也幸亏他拿去，后来希腊独立战争时免得损失。英诗人拜伦（Byron）却埋怨埃尔金。当希腊独立战争时，拜伦因热爱希腊艺术之心，投笔从军，到这残废的帕提侬神庙前来痛哭赋诗，在诗中诅咒拆去浮雕的埃尔金和英国人。

关于帕提侬已经叙述完毕。其北面的伊瑞克提翁神庙，在美术上亦有可观：殿由三部合成。东部为爱奥尼亚式柱堂。正面六根柱，其北边一根已被英人取去，今仅余五根。柱高廿二英尺，直径二英尺半，每柱有沟廿四条，柱顶作涡卷纹，形式优美。柱堂内亦供雅典娜守护神。北部也是爱奥尼亚式柱堂，前面四根，余不明。南部意匠非常特别，叫作女身柱堂。前面的四根柱，和后面两旁的两根柱，皆雕成女子立像的形式。像高七英尺半，立在离地八英尺的大理石基上。这前后六个女身柱，作对称形；东边的三个各左腿直立而右膝微屈，西边的三个各右腿直立而左膝微屈。西面第二像已被英人取去，现在其原位上补装一模造品。这建筑不过意匠特殊，艺术的价值远不及帕提侬。这殿堂在君士坦丁大帝时曾被用为纪念堂。后历遭破损，十九世纪中稍稍修葺，大致复旧。

收藏于大英博物馆中的《命运三女神》雕像。

雅典卫城的伊瑞克提翁神庙。

1

从埃及时代到现代，世间最伟大的建筑的主题，经过五次的变更：在埃及时代，最伟大的建筑是坟墓，在希腊时代是神殿，在中世时代是寺院，在近代是宫室，到了现代是商店。人类最初热心地造坟墓，后来变成热心地造店屋。窥察其间人心的变化，很有兴味。

2

他们看见人死了，确信他将来一定会复活，于是设法把他的死骸好好地保存，以便将来复活时灵魂仍旧归宿进去。他们又确信人死后依旧生活着，不过不是活的生活而是"死的生活"，于是设法给他建造"死的住宅"，好让他死后依旧安乐地生活。他们以为这是人生重要不过的大事，把全部精力集中在这工作上。

3

看了以上所述的帕提侬神庙建筑的视觉矫正的五要项，谁不惊叹希腊人的造型美感的异常的灵敏？想象了这殿堂的十全之姿，而反观我们日常所见的所谓建筑，真是草率了事，谈不到"美术"的。

寺¹的艺术

4

但这并不全是迷信，伟大的宗教建筑，往往能从直感上给人一种启示，使人心暂时远离颠倒梦想的苦恼，而回顾生命的本源。

---

¹ "寺""寺院"原为佛教僧众供佛之建筑，后亦指西方基督教、天主教的教堂，如西敏寺（威斯敏斯特教堂）等便是。但现今对于"寺"、"寺院"和"教堂"的概念已有较明确的划分，因此本书中的"寺""寺院"均相应改为"教堂"。但为了保持本书各讲题名"×的艺术"的原有意趣，各讲题名仍采用原名。

→
意大利帕埃斯图姆（Paestum）的赫拉
神庙一号（Temple of Hera I），建于
公元前 550 年，巴西利卡结构。

　　西洋的建筑史，可说有大半部是关于教堂建筑的。自四世纪至十七世纪的千余年间，建筑家所研究的题目老是教堂。故教堂艺术，详细地说起来，"洋装一厚册"也说不尽。现在我只谈谈此种艺术的来由、概况和几个著例。

　　殿与教堂的区别，前者是以住神（神像）为主的，后者是以住人（教徒）为主的，前者是所谓"异教时代"的宗教建筑，后者是基督教时代的宗教建筑。异教，就是异于基督教的宗教，像埃及的崇奉自然神，希腊崇奉守护神，在基督教看来都是异教。而基督教算是正教。

　　基督教的成为正教，始于西历纪元三百一十三年。基督教徒在以前一直受罗马人虐杀，后来他们帮君士坦丁大帝杀敌，获大胜利。大帝就在三百一十三年下"基督教徒保护令"。基督教徒感激之余，帮他夺江山愈加出力，终于使他在纪元三百廿四年上统一东西罗马，获得了绝对的支配权。这一年他又下令，定基督教为"国教"。[1] 这两个令非同小可！千余年间政治和宗教的葛藤，艺术和宗教的纠缠，皆从这时候开始。这可说是文化史上的一大转机。

　　基督教徒在被虐杀的时代，设礼拜堂于地窖中，名之曰"卡塔可姆"（catacomb），即地下礼拜堂。到基督教被钦定为国教之后，就在地上建筑教堂，名之曰"巴西利卡"（basilica），即地上礼拜堂。这是最初的教堂建筑，重在实用而忽略形式。六世纪以后基督教逐渐得势起来，这种教堂建筑的形式也逐渐

[1] 基督教由狄奥多西一世于公元
380 年定为罗马帝国国教。

进步起来，成为华丽的"拜占庭式"与庄重的"罗马式"，到了十三世纪的教权全盛时代，教堂建筑也极度地艺术化，成为锦绣的森林似的"哥特式"。十六世纪后，商业都市兴，复古运动盛，宗教势力开始衰落，教堂建筑也渐渐疏远宗教而取古典美的形式，成为"复兴式"。至十七世纪教堂建筑告终，转入宫室建筑的时代。现在把上述的经过略加说明如下。

一、地下礼拜堂

这种教堂的出发点，是地窖。当四世纪以前，罗马人疾视基督教，不许他们在地上建立礼拜堂，又屡次虐杀教徒，或令他们当奴隶，或把他们驱逐出境，甚或把反抗命令的教徒的身体用油脂涂裹，当作大蜡烛燃烧，以照明他们的狂欢的歌舞宴会。然而教徒的信仰心益坚。不许在地上建教堂，他们就在地下设立机关，开一地窖，当作秘密集会之所。这就是所谓"地下礼拜堂"。我国春秋时代的郑庄公对他的生母说了一句"不及黄泉，无相见也"，后来懊悔起来，为维持王者的言语的尊严，曾经"掘地及泉"，和他的母亲在隧道里相见。西洋初期基督教徒的营造地下礼拜堂，和这件东洋历史上的故事大致相类，不过前者是主动的，后者是被迫的。这些地下礼拜堂的壁上，凿着许多龛。他们把被虐杀的信徒的尸体或骨片供养在龛中，而在那里虔敬地祈祷。龛的里面雕刻着种种教义的表号，例如草蔓、果实、花卉、小羊、鸠、小船等，各表示着一种宗教的意义。这些地窖，便是他年的锦绣的森林似的大教堂的胚胎。

→
意大利罗马圣母堂（内部结构）。
此为巴西利卡的遗构的一例。

二、地上礼拜堂

君士坦丁大帝教徒护令一下，基督教徒重见天日，就开始堂皇地在地上建筑教堂。这就叫作巴西利卡。这是教堂建筑的萌芽。形式朴质，以实用为本位。基督教徒受了长年的压迫之后，一朝得势，便毁坏异教的神殿，拿他们的石材来改建基督教教堂。这种教堂的建筑法，与异教的神殿（例如希腊、罗马的神殿）不同。异教的神殿以供神像为目的，拜

祷的人都在殿外，故神殿不须顾到住人的"实用"，可以自由地讲求美的效果，造成精巧玲珑的像帕提侬（见前讲）的殿堂。现在的基督教教堂目的就和它们不同，是为了人而造的，为了教徒做礼拜而造的。这些教堂建筑，含有救济众生的使命，仿佛是教徒的集会所，是地上的天国。其造法当然以实用为本位。因此这种建筑，完全反对向来的罗马神殿的样式，却以罗马的巴西利卡为范本。所谓巴西利卡是一种公共集会处，皇帝的公厅、法庭、市场、民众的会所，都包含在这建筑里面。其地基一律取长方形，一方的短边的正中开着大门，其对方的短边的正中设着龛。龛的前面设一小小祭坛。其余长方形的广场中全部是教徒祈祷、众生礼拜的地方。故巴西利卡在罗马时代原是"裁判所"的意义，到了基督教时代就变成了教堂。外形相似，名称相仍，而作用不同，只是内部构造稍异：东西向的长方建筑物中，外面设一正方形的回廊，于其中央设泉水。里面的广间有两排或四排的柱列，纵断地把这广间区划为三个或五个的细长广间，中央的一间比两旁的稍广，且高。祭坛就设在这中央广间的里面。像罗马的圣母堂（Sta.Maria Maggiore），便是巴西利卡的遗构的一例。

这巴西利卡是教堂建筑的基本形式。基督教文化渐次发展，教堂建筑形式亦渐次复杂变化；但这基本形式始终不改。

三、拜占庭式

君士坦丁大帝统一罗马后，即迁都于东部拜占庭，这种教堂建筑的基本形式跟了他东渐。后来建筑法渐次进步，形式大加华丽，建筑史上称之为"拜占庭式"，为教堂建筑的一种特殊的风格。其地的圣索菲亚教堂便是其一个代表，现在还完好地立在君士坦丁堡[1]（大帝迁都拜占庭后，改称其地名为君士坦丁堡），这是大帝祀奉全能神而建设的。后经火灾，重建，完工于五百三十七年。其天井高一百八十六英尺，全体涂纯金，内有金银七彩的镶嵌工艺（mosaic），东方艺术的风趣极为浓重。同地同风的建筑非常发达，自成一种文化，称为"拜占庭艺术"。一千四百五十三年，此古都为土耳其所灭，这种文化散布各地。巴西利卡的教堂基本形式流传到西方，又展出一种新形式，称为"罗马式"。这种样式比前者更为新颖而健全，流传的地方也比前者更广。基督教教堂的建筑形式到这时候才确立。九世纪开头，即纪元八百年，查理大帝在罗马的圣彼得大教堂[2]中举行戴冠式，为基督教文化史上的第二大转机。基督教文化中的有力的代表者的教堂建筑，在这时候开始脱离了古典的残骸而创造新的北欧的样式。

[1] 即今天的土耳其第一大城市伊斯坦布尔。

[2] 即今天的梵蒂冈圣伯多禄大教堂。

↑
位于土耳其伊斯坦布尔的圣索菲亚大教堂，其外
部装饰粗糙，内部却精致奢华，是典型的拜占庭
式建筑。

↑
位于梵蒂冈的圣彼得大教堂（Saint Peter's
Basilica，也称圣伯多禄大教堂），世界第一
大教堂。

四、罗马式

最初这罗马式发展于意大利，次流传于德国和法国，到了十二世纪而盛行于全欧。这是罗马主义向北方的进展。这种建筑形式，庄重而典丽。外形上的显著的特色，是拱券形式的改变。向来的教堂用纯罗马式的半圆形拱券。自十字军东征，沟通东西文化后，东洋风的三叶形、马蹄形的拱券渐被巧妙地应用在教堂建筑上，就成为罗马形式（后来的哥特式所盛用的尖头拱券，便是从这里出发的）。有名的比萨

↑
意大利比萨大教堂、洗礼堂及斜塔，
形式庄重而有艺术的统一，为罗马式
建筑的佳作。

（Pisa）大教堂、洗礼堂及斜塔（Campanile）便是属于这样式的建筑。

　　翻过美术史的人，大概不会忘记了这奇怪的斜塔。这塔所属的教堂建于十一世纪末，以巴西利卡式为基本，加以拜占庭风的构造和东洋风的装饰。十二世纪中，又在其旁建洗礼堂和斜塔。洗礼堂取圆形的基地，全部用大理石建造，形式简明而新颖。斜塔为七层的圆筒形塔，顶上又有小圆塔，其倾斜幅有十三英尺之大，望去好像要倒下来似的。这倾斜的原因，一说是故意如此的，又一说是工事中地盘沉落而使然的，不可确知其究竟。教堂、洗礼堂和斜塔，形式都庄重而有艺术的统一，为罗马式的佳作。

这种教堂形式所异于前时代的建筑者，有三要点：第一，基督教勃兴，教会制度复杂，参加祭礼的僧侣人数大增。在教堂建筑上就有扩大僧侣住处的必要。故教堂的基地向来为丁字形，到了罗马式扩充而变为十字形。第二，因为地盘广大了，构造自然也变化。向来教堂的上面盖以简素的天花板，现在改用拱券式，相交叉的半圆形的梁的末端，安置在强固的支柱上，稳固而又活跃，富有"崇高"的趣味。崇高是与宗教精神相合，为教堂建筑的最适当的形式。教堂建筑经过了这改革而始有艺术的统一。第三，是在建筑的外形也施以美的统一。向来的巴西利卡，因为专重实用，只讲究内部的

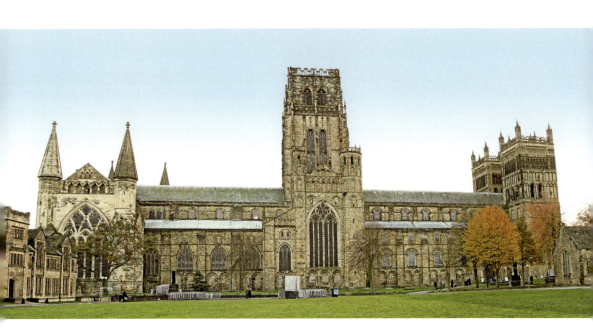

布置，而忽略其外观。罗马式则在外观上求艺术的统一。其法就是添造高塔，塔是罗马式的最显著的特色。凡教堂，必于本教堂之旁添筑高塔，作为本教堂的一部分。其作用是用这高耸的形状来笼罩全体，使全部建筑集中于一点。向来的教堂远望平坦，与普通房屋无甚大异，缺乏宗教的感觉，有了这塔，远望全景，优秀玲珑，外观上就不觉其为实用的建筑，而呈纪念建筑的模样。塔的个数不止于一，有的用三塔，有的用五塔，有的用七塔。

上述之点，为罗马式建筑的特色。其中拱券与塔二者，尤为其艺术的统一的要素。拱券是向上隆起的，使内部增加崇高之感。塔是指天的，使外部增加崇高之感。教堂的内容与形式，到这时候开始作有机的统一。教堂从实用本位的巴西利卡出发，到了罗马式而艺术化。再进一步，艺术比实用更注重时，就产生哥特式。这是基督教权全盛期的产物，可说是教堂艺术的登峰造极。

英国达勒姆大教堂（Durham Cathedral），罗马式建筑风格。

五、哥特式

十三世纪中，教王权势强盛。文化中心由罗马移向北欧，就在那里产生一种象征全盛的教权的教堂建筑样式，即哥特式。

哥特是蹂躏罗马的一种野蛮民族的名称。其艺术富有一种夷狄的风趣。哥特式教堂建筑就是利用这种夷狄的风趣，为宗教艺术别开生面的。其特色如何？一言以蔽之，曰"高"。然而这高与现代商业大都市的高层建筑的高不同。前者向天，后者着地。即教堂建筑高而尖，有向上超升之感；商业建筑高而平，有着地堆积之感。故百几十层的摩天楼在实际上虽然比哥特式的教堂高得多，但在感觉上层层堆积，沉重地叠置在基地上，似觉基地不胜其重而行将陷落似的，却并无崇高的感觉。反之，哥特式的教堂实际上虽不及现今的摩天楼

←↑
德国科隆大教堂（上）与英国威斯敏
斯特教堂（左）均为哥特式风格建筑，
尖顶仿佛要冲破云霄。

←↓
法国巴黎圣母院内部图，向上的柱束
与尖头拱券是哥特式教堂的显著特点。

之高，然形似一簇怒放的春花，好像拼命地想从地上抽发出来，而向天空生长。又好像一团火焰，势将上冲霄汉似的。试看德国的科隆大教堂——这是哥特式建筑的最大作，也是教堂艺术的代表作。所谓"锦绣的森林"，在插图中可以看见。

这种建筑形式，于十二世纪时萌芽于法兰西，十三至十五世纪之间，风行于全欧。不但教堂建筑上用之，一般的建物，如城郭、裁判所、会堂、学校、病院、邸宅，也都受

↓
黄昏时分的米兰大教堂，其主体以白色大理石砌成，被美国作家马克·吐温称为"大理石之诗"。

→
米兰大教堂规模居世界第二，仅次于梵蒂冈的圣彼得大教堂，最高的尖塔高达 108.5 米。图为从教堂屋顶鸟瞰米兰城。

这种样式的影响。这样式的特色是崇高而秀丽，形成这种特色的要素，是柱和尖头拱券二事。为求增加垂直的效果，不用一根一根的粗柱，改用一束一束的细柱。又在屋顶上加尖高塔，使柱束上的许多垂直线因尖高塔的引伸而向天延长，至于无穷尽之境。柱束与柱束之间，不用壁而用尖头拱券形的窗。壁有板滞之感，足以减却上向之势，尖头窗则可增加秀丽与崇高之感。教堂的内部，无数的尖头拱券交互错综于上，仰望时似觉身在大森林中，全无屋顶压迫之感。总之，哥特式建筑全部没有墙壁，只有细柱、尖窗和尖塔。几乎没有水平线，全体由垂直线构成。

从罗马式中抽出"高"的一种特色而扩张之，即成哥特式，教堂建筑由朴素的地上礼拜堂进步而为华丽的拜占庭式，更进步而为端庄的罗马式，又进步而为"锦绣的森林"的哥特式，宗教建筑的发展就达于极点。这种极度发展的教堂建筑，其结构的复杂、规模的壮大，可说是建筑史上的一大伟观！这种式样的杰作，多在北欧。法国的兰斯大教堂、巴黎圣母院，英国的威斯敏斯特教堂，皆是其例。而德国的科隆大教堂尤为哥特式中的模范。这教堂奠基于一千二百四十八年，直至一千八百八十年而始完成，工事期间历六世纪之久，其工作之困难盖可想见。当时各国有专门研究这种极度向上的建筑法的集团，名曰 Bauhütten（石工研究会），精研"高"的建筑技术，试行种种危险的构成。他们要表现宗教的神秘相，要把宗教的精神翻译为视觉的形态，要把抽象的观念用形体来表现，于是否定了石材的力学的性质，极度地使用结构的技法。科隆大教堂是冒险尝试而成功的一例。

在意大利北部地方，有因过于冒险，遭逢失败，而中途停工的教堂建筑，唯米兰大教堂为哥特式中冒险成功的第二例。原来意大利是个性很强的国家，当哥特式盛行全欧时，意大利南部坚守向来的传统，拒绝北欧的建筑潮流，只有北部有哥特式流入。而米兰大教堂为一种奇迹的成功。细看这教堂建筑的形式，可知其与前揭的科隆大教堂大同小异。这是北欧的大势与意大利的传统合并的式样，是南北两派的混血儿，可为建筑史上的一件特殊的纪念物。故其建筑工事曾经长年的讨论和争执，方才确定这般的形式。北欧的哥特式建筑一味求高，缺乏稳重安定之感。意大利的哥特式能在稳妥的基础上求高，较可避免这个缺陷。这教堂全部用白色大理石为材料，在薄暮或晚间，能给人以神秘的、空想的印象。据传说，这教堂是意大利人为欲与北方的阿尔卑斯山争高而建造的。

入了十六世纪，哥特式建筑为了冒险地求高，终于陷入自灭的运命。同时基督教势力也为了极度地扩张，达到了衰沉的时期。世间一切文化相关联，政治、宗教、艺术，互相牵制而展进着，不可分离。哥特式为了无视建筑构成的约束而一味贪高，以至于自灭。中世的封建制和教会权和它同时没落，大概也是为了无视社会构成的约束而一味地贪高的缘故吧？

六、复兴式

十六世纪初，意大利商业都市勃兴，教会与封建制度所培育的中世文化骤衰。此后的近世文化以意大利为中心而展开，教堂建筑又换了一种新的样式而出现。这样式称为"复兴式"。这正是"文艺复兴"的时代。

前已说过，意大利在艺术上是一个个性强顽的国家。当哥特式艺术潮流澎湃于北欧时，意大利除了北部几处地方外，不受这潮流的影响。北欧竞建那锦绣似的森林，意大利人管自营造以古代巴西利卡为基础的教堂，到了哥特式没落的时候，他们就从古典中探求美的要素，而独创新的样式。这种新样式的主要的特色，是脱却了从来的宗教的夸张的习气，而求纯美的造型的表现。换言之，教堂建筑从古代神殿出发，经过了中世的教会化，现在复归于神殿。在地点上也是如此：教堂建筑由意大利萌芽，发展于全欧，现在仍归于意大利。故意大利可说是教堂的本宅，艺术的故乡。

复兴式教堂的特点有三：第一，不求高而求美；第二，不求华丽而求调和；第三，注重作家的个性。故向来建筑工事委托于多数人，现在则委托于一个人，由这个人充分发挥他的个性，创造独特的形式。这三点，是文艺复兴时代一切艺术共通的特色。

为了获得第一第二两特点，复兴式建筑盛用大穹隆。穹隆原是古代罗马建筑上所盛用的形式。建物上部加了一个半圆形的穹隆，好似一个人张着一把伞，人的地位愈加稳定，全景的中心点愈加显明，而曲线直线的对照愈加优美。塔也有使全景中心点显明的作用；然而塔势指天，有把建物从地中抽拔出来上升于天的意趣，使建物本身缺乏稳重安定之感。哥特式的缺陷主要在于此。穹隆则不然，其本身作天空形状，覆盖建筑物，使全体自成一天地。故复兴式建筑的最重大的研究，是穹隆的曲线。现在揭示世界最大的教堂穹隆，这是罗马圣彼得大教堂的大穹隆（St.Peter's Dome），其作者不止一人，完成者是当时大建筑家布拉曼特（Bramante，1444—1514）与米开朗琪罗（1475—1564）等。

圣彼得大教堂，是世界无二的大伽蓝，欧洲人称之为"罗马的宝冠"。这教堂并非全部在文艺复兴期造成，其由来甚久，差不多与基督教的确立同时诞生。屡经修整及改造，到了布拉曼特等的手中而大成。现在把它的来由和情状略加叙述。

据传说，这教堂是君士坦丁大帝治世所建立的。开工的时候，大帝曾经亲自拿锄头在基地上掘起最初的一块土。这基地，原是古代罗马的竞技场。当基督教布教时代，教徒就在这里被罗马人虐杀，那班殉难者或被猛兽裂食，或被全身涂油焚烧，备极惨酷。圣彼得就在这地基上受磔刑。因此基督教徒保护令下之后，这里就成了圣地。圣彼得的墓就筑在这圣地上。圣彼得大教堂就建在他的墓上。大穹隆的下面，正是受磔刑的圣徒永眠的地方。

这教堂的规模非常伟大，穹隆的外面，有一个椭圆形的壮丽的大柱廊，把圣地与俗地隔分。柱廊内的圆形地盘之大，据说可以容纳全世界的基督教信徒。椭圆形的两焦点上，设两个喷水池，水带不断地在空中描出彩虹的模样。身入其境，眼光自然集中于里面的大穹隆。向穹隆前进，入教堂门，有华丽的前廊。廊内挂着沉重地下垂的皮帐。拨开皮帐，走进里面的广堂。堂用杂色大理石构成，饰以金色。穹隆下面有华丽的天盖，天盖下面就是圣彼得之墓。这天盖是名建筑家贝尼尼[1]所造，全部用青铜为材料，高百英尺。其形式仿耶路撒冷的神殿，四根铜柱作螺旋形，备极豪华。天盖下的圣彼得的墓上，点着数百盏幽暗的油灯，永年不灭。天盖的里面，有圣彼得的雕像和宝座，金色灿烂，神圣无比。堂的四周充满着历代名家的雕刻。堂内参拜者络绎不绝。时有妇女把娇小的婴孩抱向圣彼得铜像的下面，教他和圣像的足趾亲吻。又有伛偻的老妇俯着首站立在圣像下面，用各种国语陈述她们的虔敬的祈祷。宗教的神秘的气象充满在这大广堂中。

原来这大教堂不是一地方的教堂，乃是一个国际的大教会堂，全基督教徒的大本营。这在它的内部的构造上可以窥见。这广堂除中央一大祭坛外，左右还有二十八个祭坛，以及无数的忏悔场。故任何国人均可自由选用祭坛而行仪式，用任何国语皆可致忏悔。这构造能使各国的教徒皆得自由在旅行中满足他的宗教生活。无论何国的人一入此教堂，就像走进

[1] 乔凡尼·洛伦佐·贝尼尼（Gian Lorenzo Bernini，1598—1680），意大利雕塑家、建筑家、画家。

他故乡的教堂一般可亲，不觉得生疏。故这构造一方面是极度的理想化的，另一方面又含着很多的实用的意义。

这教堂的建筑工事，有复杂的经过。最初的旧堂，自君士坦丁大帝以后千二百年间，一向不废。教徒们尊崇圣彼得遗骸，同样地尊崇这旧堂的建筑。教皇曾经想把这旧堂拆毁，受大众的反对，终未敢行。到了文艺复兴初，始由建筑家布拉曼特设计重建。布氏于工事未竟时中途逝世，由他的同乡人拉斐尔（文艺复兴三杰之一）继续经营。拉氏又在工事的中途夭逝，暂时由他的两个助手继续经营。后来七十二岁的老翁米开朗琪罗（同是文艺复兴三杰之一）出来接手。这老翁费了十八年的努力，直到九十岁的时候，方始把大穹隆的骨骼完全造成。后来又经许多作家的继续努力，到了贝尼尼而大穹隆的工事方始全部完成。自重建至此，共历二世纪之久。

世人对于这大穹隆的形式，有多方的赞美词。在合理主义思想盛行的十八世纪时，法国的数学者曾用数学的理论法来赞美这大穹隆的轮廓线的美。反之，十九世纪后半，浪漫主义时代的人欢喜非合理的解释，又赞美这大穹隆为天才的直观所产生，这轮廓线乃用自由的神技而描出。有的说"这穹隆上的曲线，凌驾一切几何学的定规"。有的说"这是感觉所生的曲线，天才所创造的形式"。有的说"这穹隆的外观，为建筑艺术在地上所能显示的最美的形态，却用最简单的轮廓线描成"。有的说"这是一切伽蓝中的伽蓝"，又有人说"这

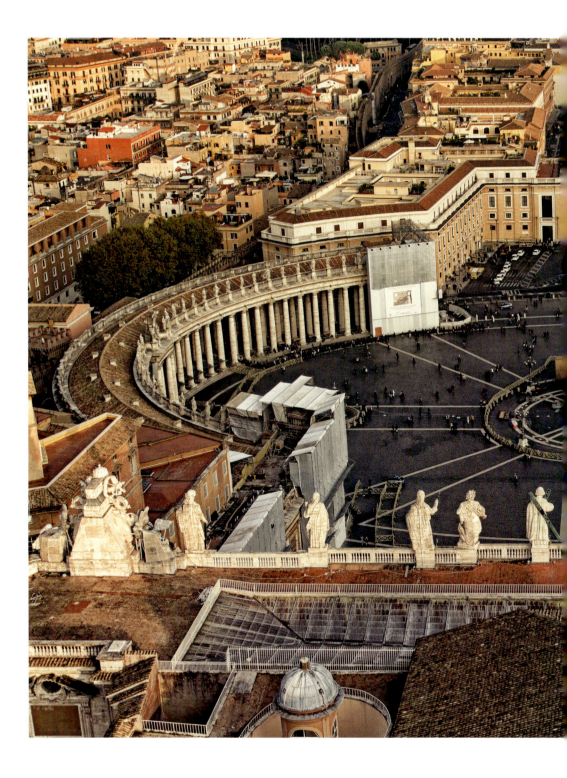

不是人手所作。乃天所赐予；一切的罪恶，在这穹隆之前无法隐藏"。这话类似我国各处城隍庙里的匾额上的"到此难瞒"。但这并不全是迷信，伟大的宗教建筑，往往能从直感上给人一种启示，使人心暂时远离颠倒梦想的苦恼，而回顾生命的本源。但在宗教被政治社会政策所利用的时代，这种启示就变成压迫。

十七世纪以后，基督教中心的时代渐成过去，人心显著地倾向实际的要求。各国的君王不肯再为圣者造教堂，却热心于为自己造宫室。教堂建筑至此告终。而华丽奢侈的宫廷建筑就代替了它而兴起。这是下回讲话的题目。

←
圣彼得大教堂内由建筑家贝尼尼所造的青铜天盖。

↑→
圣彼得大教堂的内部。

↓
备受赞誉的圣彼得大教堂穹顶。

寺的艺术　　　　　——第四讲——　　　**4**

但这并不全是迷信，伟大的宗教建筑，往往能从直感上给人一种启示，使人心暂时远离颠倒梦想的苦恼，而回顾生命的本源。

宫的艺术　　　　　——第五讲——　　　**5**

由教堂建筑变成宫室建筑，是世界文化的一大转机。若以古今二字把历史划分为二时期，则教堂以前的可称为古代的建筑，宫室以后的可称为今代的建筑。自从宫室文化时代以后，建筑都以人生为题材，都为人生现世的幸福而建造。

自十六世纪文艺复兴以后，基督教会的权力从发达的顶点开始衰落起来。继着教权而起的是王权，故十七世纪被称为"王权中心时代"。

教权衰落的原因，一则为了宗教改革运动揭破了当时教会的缺陷，减弱了人民对于基督教的信仰力。二则为了文艺复兴运动注重复古，一切文化都倾向于古代的模仿。人民不再热衷于基督教文化了。同时欧洲各国正在力图国家根柢的巩固，盛行中央集权制。以前的教会文化就一变而为"宫室文化"。宫室文化在美术上所留的痕迹最主要的是宫室建筑。

如前讲所说，教堂建筑已经高得不能再高，尖得不能再尖。此后的宫室建筑所要求的不是高和尖，而是华丽——尤其注重建筑物内部装饰的华丽。由教堂建筑变成宫室建筑，是世界文化的一大转机。若以古今二字把历史划分为二时期，则教堂以前的可称为古代的建筑，宫室以后的可称为今代的建筑。这古今建筑的差别，大体有四点，现在先把它们列举于下。

一
奥地利维也纳美泉宫。这里曾是神圣罗马帝国、奥地利帝国、奥匈帝国和哈布斯堡王朝家族的皇宫。

一、古今建筑的差别

第一，古代建筑大概以鬼神为题材。除了注重肉体享乐的罗马人营造大浴场之外，埃及的坟墓、希腊的神殿、中世的教堂，皆以鬼神供养为其目的，住人不过为其附带的条件。今代建筑的题材，就从鬼神一变而为活人。宫室以贵人的住居为目的而建筑，商店洋楼以富人的事业和住居而建筑。自从宫室文化时代的十七世纪以降，世间不复有媚鬼神的大营造，所有的大建筑都是媚富贵之人的东西了。

第二，古代建筑大概为群众公用而建造。希腊的神殿为全市的守护机关，为全市民的瞻观场所。中世的教堂为教徒的集会所，为万人的灵魂的归宿处。埃及的金字塔虽曰王者私人的坟墓，其实是为民众观瞻而造；仿佛中世的教堂，是用建筑的高大来收揽民心的。自宫室文化时代以后，大建筑不复为群众公用而建造，都为私人或私人团体而建造了。宫室为王者、为贵族；商店洋房为资本家、为阔人。这种建筑的富丽堂皇，虽然也给群众看，但只是作广告，装场面而已。

第三，古代建筑大概不以人生的现世幸福为目的而建造。除罗马浴场以外，埃及的坟墓为王者的"死后生活"而建筑，希腊的殿堂为神的供养而建筑，中世的教堂为圣灵的供养及教徒的来世幸福而建筑。自从宫室文化时代以后，建筑都以人生为题材，都为人生现世的幸福而建造。这原是人类生活进步的现象，可惜过去的为人生的大建筑，都为一极小部分的人生,而不为群众的人生。宫室为少数贵族的现世幸福而造，商店洋楼为少数资本家的现世幸福而造。大多数的群众不得享受其幸福，反而得受服役等种种苦痛。可知这种为人生现世幸福的建筑，尚未充分进步。将来如能更进一步，而有为大众的大建筑出现,方为人类生活的福音。但这是题外的话了。

第四，因了上述的三种情形，古代建筑大概注重建物外部形式的美观。金字塔注重外形的高大，帕提侬神庙注重全体的调和，科隆大教堂注重眺望的巍峨。内部形式虽然也讲究，但远不及外部形式的注重，这种建筑可说都是专重外形的。宫室建筑开始反对这一点，不以眺望者为主；而以住者为中心，非常注重室内装饰。甚至完全不顾外部形式的美观，或故意作朴陋的外观，使人入内方见意想不到的华丽。最近的商店建筑也注重外形，但同时决不肯忽略内形。故宫室文化以来的建筑，可说都是注重内形的。

上述四点，是古今建筑的差别。恐怕不但建筑上如此，世间一切文化，都具有这种变态，不过显隐迟早不同耳。现在且把宫室建筑的状况叙述于下。

凡尔赛宫华丽的内部装饰。

二、宫室建筑的兴亡

自古以来，时代思想常留痕迹在美术上。政教一致的上古时代，确信灵魂不死，遂有伟大的金字塔的制作。都市国家制的希腊时代，市民免除国难，感谢守护神的恩德，遂有精美的神殿的制作。教权中心的中世时代，教徒确信天国的存在，祈求来世的幸福，遂有巍峨的教堂的制作。到了这种美丽的梦被时代潮流所惊醒了之后，人心就集注于现世的事实上。为人群的首领的王者，开始驱使其威力，以装饰其私人的生活。宫廷艺术因此而兴。

十七世纪宫廷艺术最盛行的国有二，即西班牙与法兰西，

← →
凡尔赛宫天花板上的绘画。

西班牙皇腓力四世网罗全国的大美术家,使之专研宫廷装饰的美术,画家所描写的全是贵族的生活。建筑家所研究的全是宫室的建筑法。音乐家也都做了贵人邸宅中的乐人。现今留传于世的西班牙名画中,我们还可看见有不少贵妇人描写的作品。

比西班牙更大规模地提倡宫廷艺术的,是法兰西。法兰西的宫廷艺术,不是在十七世纪才开始,文艺复兴期早已提倡。当时法兰西斯一世优待晚年的达·芬奇,要他为宫廷计划装饰,肇开法兰西宫廷艺术的始端。到了十七世纪,法兰西名帝路易十四世出现,宫廷艺术就具有最典型的姿态。他创立美术学院,养成宫廷艺术的专门人才。他所完成的有两大建筑,即卢浮宫与凡尔赛宫。后者尤为宫室建筑的代表作。这种建筑的样式,特称为"路易十四式"。在一般美术样式上,就是所谓"巴洛克式"。由此更展进一步,即成为十八世纪的"洛可可式"。

建筑曾由巍峨的"哥特式"一变而为简洁的"复兴式"。现在又从简洁的复兴式一变而为华丽的"巴洛克式"与纤巧的"洛可可式"。巴洛克与洛可可是美术上特用的两个术语。其在建筑上的特色是烦琐、秾丽、多曲线、多细致的雕刻。华丽的装饰常隐蔽建筑的构成,使建物全体显示绘画的效果。此建筑样式

的流行，以意大利与法兰西两国为中心地，而在法兰西尤为盛行。

意大利巴洛克式的代表作家，就是罗马圣彼得大教堂前面的柱廊的作者贝尼尼。他用巧妙的方法，使柱廊因透视的作用而把广场显得更广，把教堂显得更高。在大穹隆的笼罩之下，教堂全体显示非常壮丽而调和的姿态。这教堂由各时代的大家合力作成，在柱廊这部分上可说是巴洛克式的先驱。

←一
凡尔赛宫内的装饰。

此风入法国而盛行。最初亦仅用于宗教建筑上，路易十四世始移用之于宫室上。全以曲线为本位，而特别注重室内装饰，滥用无数复杂的模样。巴黎现有三大著名建筑，即巴黎圣母院，及上述的卢浮宫与凡尔赛宫。前者是属于哥特式的，后二者就是路易十四世所完成的巴洛克式的代表作。卢浮宫分西南二部，开工于十六世纪，由路易十四世请意大利大建筑家贝尼尼完成之。凡尔赛地在巴黎西南郊外十四五英里之处，原是旧宫，由路易十四世费十亿金及四十四年的日月，大加增修，遂成今日的华丽的宫殿。其中央砖石造的正殿，原为路易十三世的居邸，今为国立博物馆的一部分——历史工艺博物馆。其外有路易十四世的铜像，宫内遍是名画家所作的壁画——历史画，及王家人物的肖像画。楼上大广间中，四壁及天花板上的绘画尤为绚焕灿烂。其中有一室，曾为欧洲大战 [1] 讲和时的谈判所。又有一室为路易十四世的寝室，中有临终的寝床，一切器具悉如其生前所布置。昔日的帝居，今已为游人凭吊的古迹了。

[1] 欧洲大战指第一次世界大战。1919 年 6 月 28 日，宣告"一战"结束的《凡尔赛和约》便是在凡尔赛宫的镜厅签署。

↓
巴黎歌剧院。

路易十四世殁（一七一五年），路易十五世继立。年幼，由菲力浦摄政。宫室生活的奢侈更甚于先代，其影响遍及于民间，造成了一代浮靡的风习。这时候的建筑比前更为浮华，特称为"摄政式"，即为后来洛可可式的准备。摄政式的建筑，其构成的要素（例如柱等）全为表面的装饰所掩蔽，只见有优雅华美的曲线，而全无强力的感觉。洛可可式比这更进一步，完全不顾建筑物外部的美观，而专重室内的华丽。有时故意装成无趣味的外观，而在内部施以惊人的装饰。这种样式与注重外形美观的古代的神殿教堂比较起来，成了完全相反的对比。

但洛可可式只是昙花一现，路易十五世死，洛可可式即与之偕亡。路易十六世即位（时在十八世纪后半），大改先代奢侈之风，崇尚朴实。"路易十六世式"的建筑，全不用动摇的曲线，但求稳定。不取绘画的表现，但求合于规则的形式。甚至把石造建筑的外部装饰照样应用于室内。这是法兰西大革命后的古典主义艺术的先驱，原是合于时代潮流的艺术形式。但上两代的骄奢之罪归并在路易十六世一人身上，使他终于失却民望，得到悲惨的最后。路易十六世上断头台后，欧洲文化大改面目，美术史亦转入全新的时代——近世古典主义时代。

然近世古典主义的潮流偏重在绘画方面。故十九世纪的建筑只是巴洛克、洛可可的连续，无甚特异的表现。换言之，十九世纪的建筑只是路易王家的贵族主义加了拿破仑的英雄主义，成为王侯贵族享乐的一种游艺，全无新时代的精神。这在建筑上称为"拟古典派"，像巴黎的两座凯旋门（巴黎凯旋门与 Etoile 凯旋门）[1] 即是其例。此后的建筑称为"浪漫派"，像英国国会大厦、巴黎大歌剧场、比利时布鲁塞尔司法宫，皆是其例。然这等建筑皆徒有形式而缺乏力感，只能说是新时代建筑的准备。真的新时代的建筑，发祥于德国。法国著名的埃菲尔铁塔是其著例。此铁塔高一千余英尺。现代商业大都市的各种惊人的铁造建筑及高层建筑，皆以这铁塔为先导而出现。

近世建筑始于王权中心时代，到现今已转入商业中心时代。其共通的性状即前述的四点：（一）为人生的；（二）为私人的；（三）为现世幸福的；（四）注重内部形式的。从王权时代到商业时代，虽然建筑的技术和形式屡经变迁与进步，但内容性状还是同一：从前的宫室可说是王家的总店，现在的摩天楼可说是资本家的宫殿。现代艺术都正在努力向民众开放，独有建筑始终为少数人所独占。倒不如以前谈希腊的神殿，谈中世的教堂,虽然所谈的是古昔迷信时代的建筑，但其建筑非为私人享乐，皆为民众瞻观。即使动机何等不纯正，谈时似乎较现在有兴味得多。

↓
高耸的埃菲尔铁塔。

我国前时代人憧憬"京洛"之游，连"衣袂京尘"都可惺惺怜惜。现代人却都想"到上海去"，经商，发财。黄金之力与商业之道大矣哉！

这种状态正是暗合世界潮流的。只要就建筑上看，即可明知这变迁。前代的建筑主题是宫室，现代的建筑主题已变成商店。原来建筑一事，自来在美术史上占有最基础的立场。在无论何时代，建筑常为一切美术的向导。人类思想、时代精神，常在建筑中作具体的表现。

现代商业是怎样兴起来的？远因在于百余年前：十八世纪末叶，拿破仑捣乱欧洲，弄得各国民穷财尽，人心不安。同时科学昌明，机械发达，工业勃兴，交通便利，生存竞争日渐激烈起来。于是欧洲的人就非努力赚钱不能生活。赚钱之道，莫妙于经商。商业都市由此日渐发达起来。直到今日，发达得"不堪回首"，有人说已到了繁荣的极顶了。

现今世界商业的中心地，要算财力最雄富的北美。纽约本是世界第二大都，现今已变成了世界一等的商场。商业建筑，在这地方呈最大的伟观。其次要算德国。这个国家自从在欧洲大战中一蹶之后，奋起直追，一切建设都改弦更张，显示飞跃的进步。现代商业建筑上的新建设，大都发端于德国。在大战前德国就有许多建筑家创造新式的建筑，为现代都市建筑的起因。初有弗朗兹·施威登（Franz Schwechten）者，在柏林造"铁车站"，又造铁骨的百货商店，是为现代

→

高三百余米的埃菲尔铁塔主要由钢铁构件组成，在建造之初曾遭到许多法国人的反对。

建筑上的"铁的革命"的先声。其后，又有阿尔弗雷德·梅塞尔（Alfred Messel）者，演进前人的建筑技术，又作铁骨的高层建筑。还有一位叫作亚历山大·古斯塔夫·埃菲尔（Alexandre Gustave Eiffel）的，在一千八百八十九年巴黎的世界大博览会中建造一个极高的铁塔，名曰"埃菲尔铁塔"，在当时是全世界知名的最高的铁造建筑。其高度为一千余英尺。这是世间高层建筑及大铁桥的起源。

这班德国大建筑家的企图，加了现代资本主义的势力，便演成现代商业大都市的建筑的伟观。

现代商业都市的建筑，大约可分为两类：第一类是资本主义者方面的，第二类是劳动者方面的。前者是广告性质的摩天楼及各种尖端的建筑。后者是合理主义的建筑，如最近德国及苏俄所努力企图的所谓 Siedlung[1]，及各种实用本位的新建筑。

现在把两种分述于下。

---

[1] 新村，住宅区，音译为"奇特伦格"，是集合住宅的一种新样式，犹似上海的弄堂房子，但是进步甚远。

一、广告性质的建筑

广告性质的商店建筑，其形式不外两种：一种是异常的"高"，一种是特别的"奇"。对于上述第二类合理主义的建筑，这可说是"不合理主义"的建筑。因为资本家不管工本贵贱，不管合不合实用，不管对于都市人的生活上有否害处，一味求其形式奇特而触目，以为商品的宣传手段。现在先就"高"的建筑说。

摩天楼在纽约最盛行。远望纽约市，好像一座树木都被斩了首的大森林。前回我讲中世的教堂建筑，曾经用森林来比方那种尖高而华丽的哥特式教堂。现在纽约的摩天楼，其高比教堂更甚，然而都是光光的，好像森林的树木都被剥了皮，去了枝叶。又好像是竹林中的怒放的春笋，然而笋尖头也都被斩脱了。

纽约的帝国大厦，是有名的高层建筑，试看它的窗子之多，全体好像一扇旧式的格子窗。影片《金刚》就是以这高层建筑为背景而演映的。这种摩天楼大都是商业的事务所。我们骤见时，谁都感到惊骇。摩天楼所求的效果，就限于这点惊骇。在这惊骇中，一面可以夸耀他们商业资本的雄厚，一面可以宣传他们的商品，以推广其营业。但是讲到建筑本身，这样的高于实用上非但无益，而且有害。

↓
从帝国大厦俯瞰纽约曼哈顿岛。

关于摩天楼高度的问题，在现今的建筑家之间有很多的争论。有一小部分的人，赞美摩天楼越高越好。他们以为这是北美文化的必然的结果，是北美人的天赋的性格的产物。但大部分的建筑家都反对高层建筑。就效果、地价、收入、租税、市民生活、活动、出入、时间消费、公众卫生及安全等问题上着想，太高的摩天楼都是无益而有害的：一者，建物太高，遮断了光线，使地上常有大块的阴影，妨害公众卫生；二者，叠屋架床，空气也不清洁，又有害于公众卫生；三者，在试建期内，技术未练，有崩坏的可能，又有妨于公众安全；四者，其唐突的形式，有害于街道的美观，使人望见纽约市，只觉惊骇而感市街形式的不美。都市生活的弊害，其根源实在于高层建筑。据各建筑家说，高层建筑以八层至十层为最适宜。过此限度，皆于都市生活有害。然而现在纽约等各大都市中，八层至十层的建物都躲在诸大摩天楼的脚下，不容易被人注意了。因此现代都市生活的人，暗中为商业建筑受着不少的苦痛。在资本家方面，为了竞夸广告，也受着不少的损失。高层建筑的初意原为经济地皮，但层数过多，材料及设备（电梯等）的费用增大，抵不过所收入的房租。据建筑家的计算，摩天楼的经济的高度，以六十三层为限。但现在世间超过六十三层的建筑很多，帝国大厦即其一例。

据罗兰·比别斯（J.Rowland Bibbius）的计算，房屋的层数对于总投资的纯利益，其成数如下（所举为普通所取的八种）：

层数	对总投资的纯利益
八层	百分之四点二二
十五层	百分之六点四四
二十二层	百分之七点七三
三十层	百分之八点五〇
三十七层	百分之九点〇七
五十层	百分之九点八七
六十三层	百分之一〇点二五
七十五层	百分之一〇点〇六

可知六十三层的建物，利益最大，过此限度，层数愈多，利益愈少。因为要在六十三层上再加十二层而成为七十五层，最后的十二层，建筑时需要特别的费用。例如电梯，须用加高速度的特殊装置，须增加经费七十万元。下部基础须特别强固，又须增加经费。且上面的几层，屋面非缩小不可，而电梯所费的地位，非增大不可，每层要为电梯占去地位九十

平方英尺。在七十五层中共占地位六千七百五十平方英尺。

这样，添了十二层所多的贷赁面积，实在有限，可谓得不偿失。

据前人的计算，高至一百三十一层时，其利率为百分之〇点

〇二。

　　可知"高"的建筑，在公众是有害的，在投资者是损失的。

所得益的，就是一点广告作用。我六十层，你七十层，他再

来个八十层。外人看来总是他的资本最厚，大家就信托他，

向他交易。于是他的营业发达起来。于是商业都市呈了膨胀

↓
新加坡市区中心的摩天大楼。

病的状态。

次就"奇"而说，为欲使人触目，增大广告的作用，建筑就取奇形怪状的样式，即所谓"尖端的"新样式。尖端的新样式，不一定是不合理的。但倘不顾生活上的实用，而专以新奇为目的，也同摩天楼一样，为不合理的建筑。现代商店中较合理的尖端的建筑，可举德国开姆尼茨（Chemnitz）的晓耕（Schocken）百货商店为例。

这是新建筑家门德尔松所设计的。[1] 这是现代最新颖的建筑样式。全体好像一艘大汽船。从来建筑所共通的"直"的样式，现在一变而为"横"的样式。在日间，白墙的横条蜿蜒左右，确比摩天楼的严肃的直条可爱得多。在夜间，带状不断的玻璃窗中灯火辉煌，仿佛几道金光，煞是好看。据评家说，这商店建筑的现代性有三：第一，这是铁材建筑。铁材的特色，是柱子所占地方极少，而且不须支在建筑物外部。因此外部可用带状不断的横长的玻璃窗和白墙，而不见一根柱子，几使人疑心这建筑物是从天空中挂下来的。这晓耕商店的柱子，在于窗内离窗三米之处，毫不占取壁面的地位。因此壁面可以全部开窗，使室外形式美观而室内光线充足。第二，这样式对于夜市有很大的效用。都市的生活，夜间常比昼间更加热闹。灯火是现代都市商店的一大笔开支。用了横长的窗条，透光容易，少量的灯火可以照出多量的光，增加其夜市的广告效力。第三，琐碎华丽的装饰风，已为过去时代的样式，

[1] 1924 年门德尔松遇到了德国成功的零售商 Schocken 兄弟（现多译为朔肯兄弟），并为其设计了多座具有创新性的百货商店。其中位于纽伦堡、斯图加特和开姆尼茨的三座大楼的设计深刻影响了魏玛时代的欧洲建筑风格。

为现代人所不喜。合于现代人感觉的，是"单纯明快"。这是一切现代艺术上所共通的现象。可说是现代的时代感觉。晓耕商店远望只见几条并行的曲线，而黑白分明。一种强烈的刺激深入现代人的感觉中。故在最近各种尖端的商店建筑中，晓耕为最进步的代表作。

一味好奇而不顾形式的难看与实用的不宜的商业建筑，在现今也很多。最普通是仿古——就是模仿古代的神殿，用粗大的柱子；或模仿中世的教堂，用庄严的屋顶。银行建筑最喜取这种壮丽的装饰。美国最初的高层建筑，五十层，取哥特式教堂的样式，其建筑家自称其设计为"商业的伽蓝"。又如《芝加哥论坛报》报馆的建筑，取钟楼式，远望好像教堂的附属建筑。此外，在近代的建筑上唐突地加一排大石柱，或突如其来地加一个圆屋顶的，在各都市中处处皆是。据说，日本三井银行的资本只有建筑费，而建筑费中几根大石柱所费不小。他们是全靠这几根大石柱来表示金融资本的威权，而博取大众的信用的。

这种仿古的尖端式，除了作奇特的广告以外，在形式及实用上都是无益而有害的。就形式而言，古今样式并用，使人起"时代错误"之感，破坏都市的市街美。就实用上说，大石柱在建筑的坚牢上完全是不必要的，专为装饰之用（古代不曾发明铁造建筑，必需柱为建物的支体，故其用处很自然。现今不需用柱支屋，即有不自然之感）。而有了这些大石柱，

室内光线遮暗，损失地位，又使事务员能率减低，显然是无益而有害的装饰。然为了商业的广告作用，现今的都市中正在竞用稀奇古怪的式样，和不调和的触目的色彩。基督教的教堂形式、希腊的神殿形式，都出现在现代的商业建筑上了。唯有埃及的坟墓形式（金字塔）尚未被人应用过。也许不久将有金字塔形式的银行出现了。美术论者谓"社会所导出的必然性，常与造型美术的必然性不相一致"。诚然！资本主义者要求建筑形式的"触目"，于是背反建筑技术的必然性，演成种种不合理的状态。

二、合理主义的建筑

上述是资本主义利用建筑作广告。换言之，是建筑受资本主义的蹂躏。故此不能代表现代新兴美术的建筑，只能算是一种畸形的发展。真的合于时代潮流的新兴美术的建筑，在现世自有存在，即合理主义的建筑艺术。

在艺术史上有建设的意义的，为新兴美术。这是根基历史科学的静观的说法，最为中肯。能不墨守旧规，而开拓新境，方是有价值的新兴美术，是合理主义的建筑。这种建筑尽量应用现代的技术。例如机械代手工，铁材代木材，同时具有"单纯明快"的现代感觉。这是一切现代美术所共通的特色。

自十八世纪至二十世纪的二百年间，世间的建筑事业日

↑
美国西雅图体验音乐博物馆（Experience Music Project）。设计师花费巨额经费，设计出了这栋颜色鲜艳的建筑，被美国有线电视新闻网（CNN）评为"全球最具争议的十大建筑之一"（2012年）。

盛一日地在那里发展。然而只是增加些量，式样上大都屈从传统，全没有质的改进。经过这长期的衰颓之后，现在勃兴起来，顿呈全新的光景。所谓合理主义的建筑的主张，约有六点：

第一，新兴美术中的建筑分为二类，即纪念建筑与目的建筑。前者是形式为本位的，后者是实用本位的。而实用本位的建筑居大多数。新建筑家所考虑的建筑样式，大多数是以"人生"为题材的。凡最合于实用的建筑，便是最进步的最美的建筑。

第二，过去的建筑常牺牲实用性而夸耀外观美，都是不合理的。合理主义的建筑，须并重卫生、住居的快适及形式的美观。

第三，现代建筑大多数是目的建筑，故首重平面图（房室支配），次重侧面图（房屋的外观），即以实用为第一义，以美为第二义。

第四，除必要的以外，不作无益的费用。例如柱，在过去时代是必要的，但是现代的铁材建筑上没有柱的必要，应当撤去。无用的装饰反有损于建筑的美。新兴建筑须以费用最小的材料，来作效用最大的机能。

第五，注重建筑的实用性。建筑的主要的题材应是住宅，尤其是"集合住宅"与"最小限住居"。现今德国及苏俄的建筑家，即以此为研究的主要目标。

第六，美的建筑，就是实用性浓厚的建筑。工厂建筑在前代不列入美术中，现在成了建筑美术中的一大题目。

综观上述六种主张，可知现代合理主义的建筑，其目的是要救济现代资本主义的大都市中人的住居苦。现今的商业大都市中，地狭人多，住居的不舒服是生活上莫大的一种苦痛。要改良都市人的住居，虽然不是建筑单方面所能解决的事，

↓
朗香教堂（La Chapelle de Ronchamp），1950—1953 年由建筑
大师勒·柯布西耶设计建造，1955 年落成。

↑
萨伏伊别墅（The Villa Savoye），由勒·柯布西耶和
其堂弟皮埃尔·让纳雷两位建筑师所设计。

然而建筑也总是改良的一端。合理主义的建筑家所设计的基础条件，就是想解决这个难问题，使都市中的勤劳者免除住居不良之苦，而获住居的卫生与快适。

以上所说是现代合理主义建筑的一种重要题材。以下再谈它的形式美和材料。

现代建筑的形式美，约言之，有四条件：第一，建筑形态须视实用目的而定；第二，建筑形态须合于工学的构造；第三，建筑形态须巧妙地应用材料的特色；第四，建筑形态须表出现代感觉。

现代建筑界的宠儿勒·柯布西耶有一句名言："家是住的机械。"这句话引起了世界的反应，大家从机械上探求建筑美。换言之，即从实用价值中看出艺术的价值。凡徒事外观美而不适实用的建筑，都没有美术的价值，在现代人看来都是丑恶的。现代人的家，要求室内有轻便的卫生设备——换气、采光、暖房等。要求建筑材料宜于保住温度，宜于防湿气，宜于隔离音响，且耐久、耐震。要求窗户的启闭轻便而自由。因此木框的窗改为铁框的窗。最彻底表现这种建筑美的，便是上述的 Siedlung ——无产者集合住宅的新形态。集合住宅的意图，是用最小限的空间、最小限的费用，来企图最大限的活用。昔日不列入艺术范围内的平民之家，现在成了最显示美的特质的建筑题材。

建筑形态合于工学的构造，就是要求力学的机能与建筑的基本样式保有密切的关系。例如铁比石轻便，比石占据地位更少；铁骨建造可使建筑物表面免去柱的支体。尽量利用这种力学的机能，便可在建筑上显示一种特殊的美。

材料的特色，例如古代建筑用石材，表出石材特有的美。现今的建筑用铁，用玻璃，亦必尽量发挥铁和玻璃所固有的材料美。白色的半透明玻璃的夜光的效果，已在现代都市中处处显示着。

现代感觉，不限于视觉，须与现代人生活全部相关联。例如最近流行一种钢管的家具桌椅，便是为了它适合现代感觉，与现代人的简便轻快的生活相调和，最适宜于作为"住的机械"的一部分的缘故。

建筑材料中，能使美的要求与实用的要求最密切地相关联的，莫如玻璃。为的是玻璃能通过光线，使室内明亮，同时有益卫生。因此现代建筑上爱用面积广大的窗。因此在现代建筑中，窗成了一重大的要件。因此不限于窗，又在桌、板、壁等处广用玻璃为材料，终于产出了最新颖的"玻璃建筑"。不久以前，建筑上发起"铁的革命"，现在又在发起"玻璃的革命"了。

玻璃革命的首领，名叫布鲁诺·陶特（Bruno Taut）。最初的起事，远在一千九百十四年。那年他在德国的展览会中建一壁面全用玻璃的建筑，名曰"玻璃屋"。这可说是玻璃建筑的最初的纪念物。凡事的兴起，总是出于浪漫的精神。

"玻璃屋"的出现也如此：为了当时有一位美术评家名叫希尔巴特（Scherbart）的，写一册小书，名曰《玻璃建筑》，捧献于大建筑家陶特。陶特对他的浪漫的计划发生共感，就设计建造这"玻璃屋"，以为对希尔巴特的答礼。希尔巴特主张玻璃建筑的动机很浪漫的，但看下面这一段话即可知道：

> 我们通常生活于闭居的住宅内，这是我们的文化的环境。我们的文化，在某程度内为我们所往的建筑所规定。倘欲使我们的文化向上，无论如何，非改变我们的住宅不可。现在所谓改，必须从我们所生活的空间取除其隔壁，方为可能。这不外采用玻璃建筑，使日月星辰的光不必通过窗户入室，而从一切壁面导入。这样的新环境一定能给人一种新文化。……

上面所引的一段话，异想天开，浪漫可喜。然而我觉得怀疑，特在其"在某程度内"及"一定"两语上加了重点，以便吟味。究竟住宅对于我们的文化有怎样的关系？玻璃屋能否给人一种新文化？我一面觉得怀疑，一面又觉得新奇可喜。环境对吾人心情的影响之大，我是确信的。布置精美而装饰妥当的咖啡店、旅馆，使人乐于久坐，不想离去。西湖边上善于布置的茶店，其座位的形式好像正在向着游客点头招手。反之，良好的教堂建筑、宫殿建筑，又有一种神圣不可侵犯的氛围，能使人缓步低声，肃静回避。然而住屋的

大量运用玻璃、钢筋的现代建筑在都市中随处可见。

壁面统统用了玻璃，使人一天到晚住在光天化日之下，一晚到天亮睡在星月光中，于我们的精神上有怎样的影响？难于想象。

玻璃建筑由这浪漫主义的时代兴起，现时转入现实主义的时代，各处都在盛用这种新材料了。但是用的范围究竟未广，尚未看见这新环境所给人的新文化。这且待将来再说。现在且把它的盛行的经过看一看。

建筑上最初应用玻璃，远在中世时代。那时北欧的哥特式大教堂，柱子细而长，柱子的中间完全是窗，窗上嵌用色彩浓烈的"绘玻璃"。天光通过了这些色彩玻璃而射入，教堂内充满了一种神秘的光，酿成一种微妙的宗教的气象，使人入内如登天国。这用意当然与现代的玻璃建筑大异，而且用的范围也甚狭。但建筑上利用玻璃改变环境，使影响于人的精神，自此开始。也许希尔巴特的浪漫论调是从哥特式教堂受得暗示的。

其后，十八世纪宫殿建筑全盛时代，宫室内的壁上盛用

←
哥特式教堂的彩绘花窗。

玻璃。但不透天光，是当镜子用的。例如巴黎的凡尔赛宫内，有一间有名的"镜厅"，即其一例。镜的作用很大：把空间扩大，使住者感到宽裕；反映绅士淑女的衣冠裙钗，使室内琳琅满目；夜间反射灯火，增大室内的光明，若用在相对的壁面上又可作成无限反射，造成一种神秘的光景。佛教会内供养舍利子的房间内，常用这种无限反射，使人由此窥见"无始无终"的"法相"，我觉得比用在宫室中更加适当。

更次，十九世纪后半，机械工业发达，劝业博览会勃兴，建筑上亦盛用玻璃。在铁骨的框内嵌一块大玻璃，以代壁面。当时的遗物，就是伦敦的"水晶宫"及巴黎的"机械馆"。但以上都是当作纪念建筑物而偶用玻璃的。正式地用玻璃为建筑材料，是最近的事。

自从一九一四年陶特造了"玻璃屋"之后，另有大建筑家格罗皮乌斯者，推进其设计，建一"玻璃事务所"。玻璃之用渐及于实生活。又有个新建筑家塔特林（Tatlin）者，作一铁骨的螺旋形的国际纪念塔，塔内有三间巨室，四壁都有大玻璃。听说这人现在已退隐在乡下，当小学教师。因为他的浪漫的计划，与现代俄人的合理主义不合的缘故。前述的门德尔松所作的晓耕百货商店，也是盛用玻璃的一例。

玻璃所以被盛用的原因有六：一者，玻璃的壁，能使建筑的模样全新；二者，玻璃的明快，合于现代趣味；三者，现代建筑以构造为本体，故喜用透明的材料；四者，都市生

由英国建筑工程师约瑟夫·帕克斯顿（Joseph Paxton）设计的伦敦"水晶宫"，落成于1851年，后毁于1936年的火灾。

活要求夜间的照明，玻璃的照明效果最大；五者，商业建筑盛用橱窗，需要大玻璃；六者，玻璃适于社会思想家的主张。他们以为今日的世间，应该排除个人主义的生活，而提倡共同生活，故建筑上也应该撤去不透明隔壁而换用透明的玻璃，表示不闭关而公开。——这一条很有诗意，但实际上建筑用了玻璃，社会生活能否共同公开，我也觉得怀疑，而且可笑。

写实主义的玻璃建筑的代表的大作家，有两人，其一人叫作密斯·凡·德·罗（Mies van der Rohe），他最近正在作一种伟大的设计：三十层的壁面全用玻璃的百货商店。但能否实现其计划，还是问题。还有一人，就是现代建筑界的宠儿勒·柯布西耶，他最近在莫斯科所作诸建物，壁面全用棋盘格子的大玻璃，全从实用的意味而使用玻璃。总之，在玻璃的浪漫时代，乃仅为了其材料的魅力而好奇地使用。入了写实时代，就从实际的要求而使用。玻璃建筑物阳光丰富，适于卫生；又光线充足，增加工作的能力。这两点最合于现代建筑的合理主义的要求。故密斯·凡·德·罗与勒·柯布西耶的主张，广受世间的赞许。据评家所说，玻璃建筑有普及于全世界的可能。我们且拭目以待之。

从坟到店，现在已经讲完。建筑决不会永远停留在店上。以后向哪里去，难于预言；但看现代建筑的趋势，也可大约测知其方针。即未来的建筑的主要题材，大约不复是为少数

德国法古斯工厂（Fagus Factory），由瓦尔特·格罗皮乌斯于 1911 年设计，是现代建筑与工业设计发展的一个里程碑。

由格罗皮乌斯设计的包豪斯校舍，对玻璃幕墙进行了充分利用。

人的建物，而是为多数人的建物。未来的建筑的形式，大约
不复为畸形的，而为合理的。到那时，现在的摩天楼就会同
金字塔一样成了过去时代的遗迹。

4

参考书

板垣鹰穗著《建筑的样式的构成》
板垣鹰穗著《艺术界的基调与时潮》
板垣鹰穗著《新艺术的获得》
板垣鹰穗编《建筑式样论丛》

译名对照表

为方便读者理解和查询，本书已将部分名词的中文译名，
由丰子恺先生所用旧式译法替换为现代常用译法，说明如下：
　　1. 以名词在文中出现先后为序；
　　2. 括号内为丰子恺先生旧译。

第一讲

卫城（城山）：Acropolis
菲狄亚斯（斐提阿史）：Phidias
伊克蒂诺（伊克底诺史，伊克谛诺史）：Ictinus
科隆大教堂（侃伦本山）：Cologne Cathedral
卢浮宫（罗佛尔宫）：Louvre
凡尔赛宫（维尔赛宫）：Versailles

第二讲

美索不达米亚（米索不达米亚）：Mesopotamia
马斯塔巴（马斯塔罢）：mastaba
卡纳克神庙（卡尔那克神殿）：Karnak
斯芬克司（史芬克斯）：Sphinx
阿美诺菲斯（亚美诺斐斯）：Amenophis
图特摩斯（吐特摩斯）：Thutmose
塞蒂（赛谛）：Sety

第三讲

山门（总门）：Propylon
伊瑞克提翁神庙（爱来克推昂神庙）：Erechtheion
帕提侬神庙（巴尔推浓神庙）：Parthenon
卡利克拉特（卡利克雷推史）：Callicrates
多利安式（独利亚式）：Doric order
爱奥尼亚式（伊奥尼亚式）：Ionic order
科林斯式（可林德式）：Corinthian order
托斯卡纳式（塔斯康式）：Tuscan order
排档间饰（小间壁）：metopes

第四讲

巴西利卡（罢西理卡）：basilica
镶嵌工艺（大理石嵌细工）：mosaic
拱券（环门）：arch
兰斯大教堂（郎史寺）：Reims Cathedral
威斯敏斯特教堂（惠斯民寺）：Westminster Abbey
布拉曼特（勃拉谛）：Bramante
米开朗琪罗（米侃朗琪洛）：Michelangelo
贝尼尼（裴尔尼尼）：Bernini

第五讲

巴洛克式（罢洛克式）：baroque
埃菲尔铁塔（爱弗尔铁塔）：Eiffel Tower
布鲁塞尔司法宫（布鲁塞尔大法衙）：Brussels Palace of Justice

第六讲

门德尔松（孟特尔仲）：Mendelssohn
勒·柯布西耶（勒·可尔褒齐）：Le Corbusier
布鲁诺·陶特（讨忒）：Bruno Taut
希尔巴特（显尔巴忒式）：Paul Scherbart
格罗皮乌斯（格洛比乌斯）：Walter Gropius
塔特林（当忒林）：Vladimir Tatlin
密斯·凡·德·罗（洛海）：Mies van der Rohe

图书在版编目（CIP）数据

认识建筑：丰子恺建筑六讲 / 丰子恺著 .-- 北京：

中信出版社 ,2025.5.（2025.7 重印）--ISBN 978-7-5217-7446-7

Ⅰ .TU-861

中国国家版本馆 CIP 数据核字第 2025W8C302 号

认识建筑：丰子恺建筑六讲

著者： 丰子恺

出版发行：中信出版集团股份有限公司

（北京市朝阳区东三环北路 27 号嘉铭中心 邮编 100020）

承印者： 北京启航东方印刷有限公司

开本：710mm×1000mm 1/16 印张：12.25 字数：100 千字
版次：2025 年 5 月第 1 版 印次：2025 年 7 月第 2 次印刷
书号：ISBN 978-7-5217-7446-7
定价：68.00 元